新时代新理念职业教育教材·道路运输类
岗课赛证融通系列教材
校企双元研发新形态教材

城市公共交通运营管理

武香林　主编

任务单超星课程电子活页二维码列表

北京交通大学出版社
·北京·

内 容 简 介

本书涵盖了城市公共交通运营管理中的 6 个模块，分别是城市公共交通系统认知、城市公共交通行业管理、普通公共汽电车运营管理、城市轨道交通运营管理、快速公交系统运营管理、网约车运营管理。紧扣公共交通运营管理一线基础管理岗位高技能人才培养需求，具有较强的实用性。本书是一本基于"互联网＋"思维的新型融媒体微课版和电子活页式教材，同时也是"课程思政建设"的创新教材。针对书中的重点、难点，全书制作了 40 余个微课小视频（微课堂），以二维码形式呈现。书中还以"电子活页"的形式介绍了城市公共交通系统、城市公共交通行业管理、普通公共汽电车运营管理、城市轨道交通运营管理、快速公交系统运营管理、网约车运营管理等内容。

本书可作为大中专院校交通运营管理及道路运输管理等相关专业教材，也可以作为道路运输行业各企事业单位从业人员职业培训教材，还可作为城市公共交通运营管理人员的参考资料。

版权所有，侵权必究。

图书在版编目（CIP）数据

城市公共交通运营管理 / 武香林主编. -- 北京 ：北京交通大学出版社，2024.9.
（2025.7 重印） -- ISBN 978-7-5121-5317-2

Ⅰ．U491

中国国家版本馆 CIP 数据核字第 2024Q5J951 号

城市公共交通运营管理
CHENGSHI GONGGONG JIAOTONG YUNYING GUANLI

责任编辑：郭东青	
出版发行：北京交通大学出版社　电话：010-51686414　http://www.bjtup.com.cn	
地　　址：北京市海淀区高梁桥斜街 44 号　邮编：100044	
印　刷　者：北京鑫海金澳胶印有限公司	
经　　销：全国新华书店	
开　　本：185 mm×260 mm　印张：12.25　字数：270 千字	
版 印 次：2024 年 9 月第 1 版　2025 年 7 月第 2 次印刷	
印　　数：901—2000 册　定价：49.00 元	

本书如有质量问题，请向北京交通大学出版社质监组反映。对您的意见和批评，我们表示欢迎和感谢。
投诉电话：010-51686043，51686008；传真：010-62225406；E-mail：press@bjtu.edu.cn。

前　言

随着超大、特大城市深入实施公交优先发展战略，持续深化国家公交都市建设，着力构建以轨道交通为主，常规公共汽电车为辅，同时通过快速公交形成客流走廊，发展网约车/出租车，提供差异化出行服务，优化枢纽衔接与换乘，推广智能交通技术的应用，推进城市大脑信息化平台建设和发展，保障公交优先，扎实推进多模式、便捷、高效的城市公共交通系统，优先发展城市公共交通，推进新型公交智能化进程建设，不断提升公共交通出行分担率和吸引力。互联网＋"城市公交"推动了移动互联网新技术与智能公交的深度融合，尤其是自动驾驶、车路协同、5G、物联网等信息技术的支撑与驱动，自动驾驶、智能网联实现了智能公交技术创新与应用协同发展，城市公交智能化进入高质量发展阶段，提升了公共交通服务质量。

城市公共交通系统是一个综合复杂的大系统，包含城市轨道公共交通系统、城市道路公共交通系统、城市水上公共交通系统及其他公共交通子系统等。解决城市的交通问题需要城市各公共交通子系统协调统一，充分发挥各服务领域优势，因此，城市公共交通运营管理工作涉及面广、要求高、难度大，而且随着网络化运营的日益普及，运营管理将面临诸多新的课题。为了保证城市公共交通高效运转、提供优质服务和安全运营，不仅需要有与综合系统规模相适应的管理机构和管理人才，还要有优质高效的硬件基础设施。

"城市公共交通运营管理"课程涵盖了城市公共交通运营管理的基础认知和管理技能，旨在培养学生具备四大关键能力，即公共交通系统分析能力、交通客流调查能力、运营计划与调度能力、安全管理与服务能力。这四大关键能力反映了公共交通运营管理者的基础知识技能与工作程序，是本门课程的主体与重心。"四大关键能力"按公共交通运营管理工作过程"客流调查－计划编制－运营管理－调度控制"的顺序排序，将有关岗位及部门的工作步骤、工作方法和工作要求，通过技能发展线串联起来，形成一个紧密关联的综合系统。

在本书编写过程中，我们参考了许多与城市公共交通运营相关的教材和相关研究成果，在此向有关作者、专家及部门表示衷心的感谢。由于编写人员水平、资料收集和实践经验的局限，书中内容安排和学术观点难免存在不足之处，恳请读者批评指正。

编者

2024 年 7 月

目　录

项目 1　城市公共交通系统认知 ··· 1
　　任务 1.1　城市公共交通系统结构认知 ····························· 2
　　任务 1.2　城市公共交通系统发展趋势 ··························· 14
　　任务 1.3　城市公共交通客流调查分析 ··························· 20

项目 2　城市公共交通行业管理 ··· 31
　　任务 2.1　城市公共交通行业管理职能基础认知 ··············· 32
　　任务 2.2　城市公共交通基础设施认知 ··························· 38
　　任务 2.3　城市公共交通线网规划 ·································· 48
　　任务 2.4　城市公共交通服务评价 ·································· 54
　　任务 2.5　城市公共交通安全与应急 ······························· 60

项目 3　普通公共汽电车运营管理 ······································· 69
　　任务 3.1　普通公共汽电车运营管理认知 ························ 70
　　任务 3.2　行车作业计划编制 ·· 74
　　任务 3.3　现场调度 ··· 93

项目 4　城市轨道交通运营管理 ·· 106
　　任务 4.1　列车开行计划 ··· 107
　　任务 4.2　城市轨道交通运营服务与管理 ······················ 139

项目 5　快速公交系统运营管理 ·· 154
　　任务 5.1　快速公交系统基础认知 ································ 155

项目 6　网约车运营管理 ··· 164
　　任务 6.1　网约车租赁业务基础认知 ····························· 165
　　任务 6.2　网约车驾驶员及客户服务管理 ······················ 178

参考文献 ·· 188

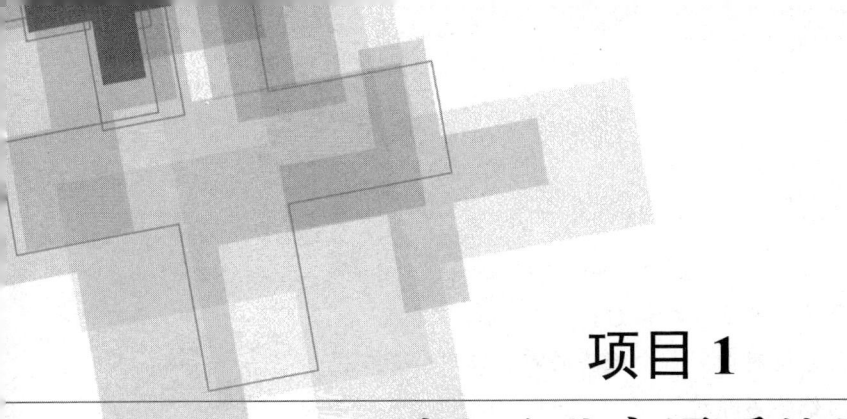

项目 1
城市公共交通系统认知

 项目介绍

在城市化的进程中,城市空间布局向网络化、均衡化、多核心的区域空间结构发展,地区间的阻隔和差异已经逐渐消失并完全融合为一个整体。在城市群出现后,城市之间的边界也渐渐弱化,城市规模日益扩大,出行距离随之增加,城市交通出行需求迅速增长,公共交通成了大多数出行者首选的交通方式。与此同时,城市发展也在更加多地关注城市居住空间环境,城市机动车拥有量的快速增长,尤其是小汽车拥有量的进一步增加,让人们不得不关注城市交通产生的废气、污染等问题,迫使各城市优先发展更加低污染、环保、节能的公共交通系统。

 知识目标

1. 了解城市公共交通系统的基础概念;
2. 理解各公共交通出行方式的特点;
3. 熟悉我国城市公共交通的现状;
4. 了解城市公共交通的发展历程。

 能力目标

1. 掌握公共交通系统的分类;
2. 能够调查我国城市公共交通的现状;
3. 能够分析城市公共交通发展趋势;
4. 能够分析城市公共交通系统结构优劣势。

素质目标

1. 培养交通人"为人民服务"的理想和信念；
2. 正确认识公共交通出行系统对国家社会经济的重要作用；
3. 具备甘当一颗螺丝钉的铺路石精神；
4. 培养能够综合分析城市公共交通问题并解决问题的能力。

任务1.1　城市公共交通系统结构认知

城市公共交通系统结构认知

1.1.1　拟完成的任务

每个城市都有自己独特的地理、经济、文化、人口及历史发展沿革等，因而每个城市的交通系统结构和特征都不尽相同。解决城市交通问题需要综合分析城市特征，结合各种公共交通出行方式适用条件，同时兼顾城市居民出行的需求，综合研判确定城市公共交通系统发展战略结构。绘制思维导图，分析自己家乡城市的特征，了解该城市公共交通系统构成，并分析该城市公共交通存在的问题，提出自己家乡城市的公共交通发展方案。

1.1.2　任务目的

（1）能进行城市公共交通特征分析；
（2）能够根据城市特征，提出城市公共交通发展方案；
（3）掌握思维导图绘制方法；
（4）培养和谐交通发展理念，分析每个城市特点，因地制宜构建城市公共交通体系。

1.1.3　相关配套知识

城市公共交通系统是指在城市区域内为方便民众出行需求而建设或设置的、供人们使用的各种城市公共交通方式的总称，包括需要按照一定的费率缴费或者在某种范围内免费使用的公共交通方式。由于现代城市居民出行需求不断螺旋式上升，对公共交通出行服务的要求不断提高，以及智能交通技术及人工智能的广泛应用，城市公共交通系统也在不断地发展变化。为了更好地适应城市公共交通出行的新需求，一些城市的交通管理者不断寻求发展创新，新的公共交通方式不断出现。根据《城市公共交通分类标准》（CJJ/T 114—2007），城市公共交通分为四类：城市道路公共交通、城市轨道交通、城市水上公共交通、城市其他公共交通。城市公共交通系统的分类如图1-1所示。

城市公共交通系统构成

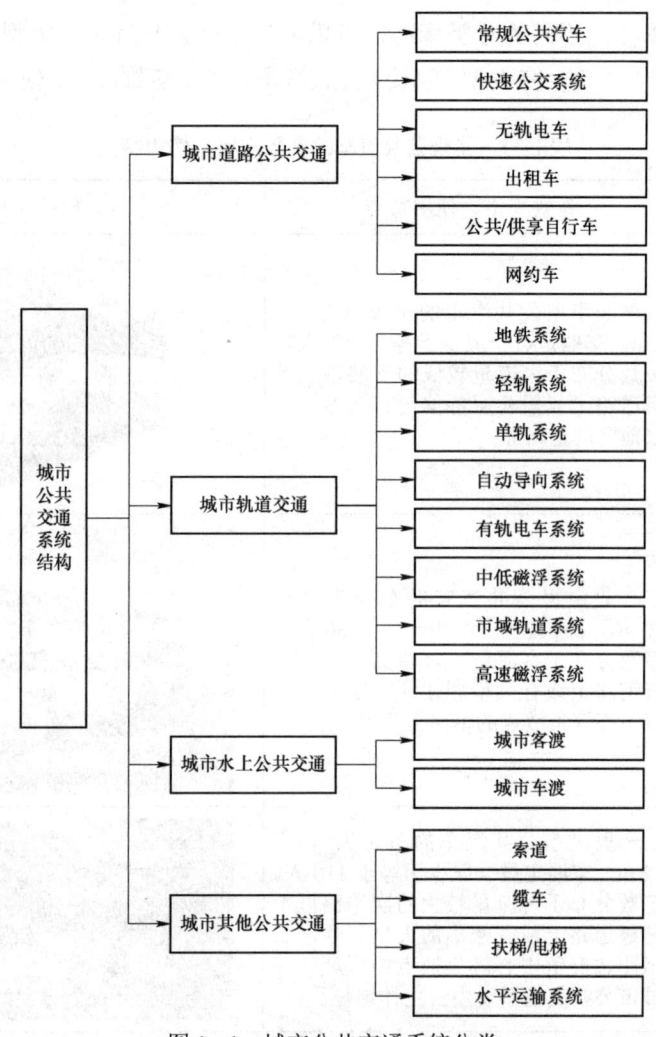

图 1-1 城市公共交通系统分类

1.1.3.1 城市道路公共交通

城市道路公共交通是目前我国城市公共交通体系的主体，指利用交通工具行驶在城市范围各级各类道路上的公共客运交通方式，主要包括常规公共汽车、快速公交系统、无轨电车、出租车、公共/共享自行车等形式、网约车。

1. 常规公共汽车

常规公共汽车是目前各大城市分布范围最广、站点覆盖率最高的一种公共交通子系统，主要动力来源为燃油或者燃气，平均营运速度为 15~25 km/h，按照指定的路线行驶在城市道路上，在固定的站点停靠的公共交通服务方式。其具有使用范围广泛、机动灵活、对道路条件要求较低、票价便宜、通达性较好、对基础设施要求较低等特点，在世界各大城市得到迅速发展。

常规公共汽车按照不同的分类标准，可以分为小型公共汽车、中型公共汽车、大型公共汽车、双层公共汽车、特大型（铰接）公共汽车，具体参数规格、使用特点见表1-1。

表1-1 常规公共汽车的参数规格、使用特点

名称	参数规格、使用特点	相关图片
小型公共汽车	一般小型公共汽车的车长为3.5~7 m，车厢定员一般少于等于40人。多数分布于客流量较低的支路以上等级道路上或需要服务偏远、弯多、路窄地区的道路上	
中型公共汽车	一般中型公共汽车的车长为7~10 m，车厢定员一般少于等于80人。多数分布于客流量中等的支路以上等级道路上或有大型居住区、组团、商贸中心等集散点的道路上	
大型公共汽车	一般大型公共汽车的车长为10~12 m，车厢定员一般少于等于110人。多数分布于客流量较大的次干路以上等级道路上或有密集的大型居住区、组团、商贸中心等集散点的区域。在城市公共交通系统中占主体地位	
双层公共汽车	双层公共汽车车厢分为两层，车长为10~12 m，车厢定员一般少于等于120人，载客量更大。有些双层公共汽车的上层不设车顶，供游客登上作浏览沿途景色，称为"开篷公共汽车"，但是在雨季频繁地区不适用	
特大型（铰接）公共汽车	特大型（铰接）公共汽车由两节（或以上）车厢铰接而成，两节车身间加设可伸缩的接合位置以辅助转向，一般车长为13~18 m，车厢定员可达到135~180人	

2. 快速公交系统

快速公交系统（bus rapid transit，BRT）是一种介于城市轨道交通与常规公共汽车之

间的新型城市公共客运系统，是由公共汽车专用线路或通道、服务设施较完善的车站、高新技术装备的车辆和各种智能交通技术措施组成的客运系统，具有快捷舒适的服务水平，是新兴的大容量快速公共汽车系统。由于使用专用车道，车站采用长站台形式，所用车辆一般都为特大型或超大型车辆，可多车同时上下乘客，又可同时发车，列车化运行，车速较快，车辆运行不受其他交通干扰，因而客运量较大，通常称为"地面上的地铁"。快速公交系统40年前起源于巴西的库里蒂巴市，该系统很好的交通效果使得世界上许多城市通过仿效库里蒂巴市的经验，开发、建设、改良了不同类型的快速公交系统。快速公交系统是一种高品质、高效率、低能耗、低污染、低成本的公共交通形式，充分体现了以人为本，构建和谐社会的发展理念，采用先进的公共交通车辆和高品质的服务设施，通过专用道路空间来实现快捷、准时、舒适和安全的服务。

快速公共汽车系统按照不同的分类标准，可以分为大型公共汽车、特大型（铰接）公共汽车和超大型（双铰接）公共汽车，具体参数规格、使用特点见表1-2。

表1-2 快速公共汽车系统参数规格及使用特点表

名称	参数规格、使用特点	相关图片
大型公共汽车	一般大型公共汽车的车长为10～12 m，车厢定员一般少于等于110人。在城市快速公共交通系统中占主体地位	
特大型（铰接）公共汽车	特大型（铰接）公共汽车由两节（或以上）车厢铰接而成，两节车厢间加设可伸缩的接合位置以辅助转向，一般车长为13～18 m，车厢定员可达110～150人	
超大型（双铰接）公共汽车	超大型（双铰接）公共汽车，是一种大容量型客车，有三节车厢，四列轴，一般车长大于等于23 m，车厢定员可达135～180人。比普通客车多出一节车厢。由于此种车长，通常只适用于高客流量的核心线路或者快速交通系统。20世纪80年代中期，沈阳客车制造厂生产出了中国第一台"双铰接公共汽车"，车长23 m	

3. 无轨电车

无轨电车（trolley bus）是一种使用电力发动、在道路上不依赖固定轨道行驶的公共交通工具，亦即"有线电动客车"。无轨电车的车身属于客车，只不过以电力推动，而使用的电力是通过架空电缆，经车顶上的集电杆取得。无轨电车因为使用的橡胶轮胎是绝缘体，不像有轨电车可使用路轨形成电路；故需要使用一对架空电缆及集电杆。无轨电车以电力牵引,需要架空的输电线和专用的车辆等设备。无轨电车有固定的行车路线和车站,可以靠人行道边停车,必要时也可超越其他车辆。无轨电车的客运能力以及运营速度与公共汽车基本相同,但初期投资较大,且行驶时因架空输电线的限制,机动性不如公共汽车,空中架设的网线还会影响城市的美观。其优点包括噪声低、不排出有害废气、起动加速快、变速方便等。无轨电车的车辆类型包括中型无轨电车、大型无轨电车、特大型(铰接)无轨电车,如图1-2所示。

图1-2 无轨电车

4. 出租车

出租车是按照乘客和用户意愿提供直接的、个性化的客运服务,不定线路、不定车站、以计程或计时方式营业,为乘客提供门到门服务的客车。与常规公共汽车客运相比,出租车具有可达性高、舒适性好、速度快等特点,可以满足对出行有较高要求的乘客,如中高收入者、公务出行者、游客等。然而,出租车也存在着与私人小汽车交通相似的问题,如对道路资源占用多、能源消耗大和污染严重等。出租车的车型主要是小汽车,也有普通客车、旅游客车和客货两用车。车上有专门的标记和"出租"字样,以便乘客识别。租乘手续简便,收费方式有计程与计时两种。

5. 公共自行车/共享单车

公共自行车,是"公共自行车出行系统"的简称。该系统通常以城市为单位进行部署、建设,包括数据中心、驻车站点、驻车电子防盗锁、自行车(包括随车锁具、车辆电子标签)及相应的通信、监控设备。一个数据中心可管理几百至几千个站点,每个站点配备20~80个驻车电子防盗锁。站点主要布局在居民生活工作集聚区出入口、公交车站附近,旨在解决公交"最后一公里"的问题,是城市公共交通的重要组成部分。公共自行车管理单位向居民发放借车卡,用户在站点刷卡借车,到达目的地后,将车归还到就近的站点。可根据使用时长和一定的计费标准收取一定的使用费。根据车辆与驻车装置的连接方式不同,可分为软连接式、硬连接式;随着绿色交通的宣传与实践,低碳绿色的出行方式越来越受到追捧，全国各地兴起了建设公共自行车租赁系统的热潮。各大城市如株洲、杭州、北京等已建成公共自行车租赁系统。现在很多学校都在向郊外搬迁，形成职教基地、大学城等，因此学生外出等多有不便。引进自助公共自行车，方便学生外出游玩、逛街；骑自行车环保、健身、娱乐、无噪声。自助公共自行车由学校统一布点铺放，安装在大学、大学城、学校大门、宿舍等选择合适的场地布点、安装，以方便学生为原则，实现智能化、无人化统一管理，受到学生的青睐。

共享单车，指在城市、校园等场所提供的自行车共享服务，目前国内主要应用的智能共享单车模式是通过 App 寻找车辆，利用扫码等智能方式一键解锁自行车，并通过后台远程实时监控车辆健康和运营状态的单车智能出行新形式。共享单车的出现解决了用户"最后一公里"的出行问题，节约用户等车的时间成本及服务费用成本，使用方便，取还车灵活，使用性价比高。

作为城市交通的组成部分，公共自行车/共享单车具有以下优势：① 不存在大气和噪声污染，可为居民和旅游者提供便捷的绿色出行方式，提高城市的绿色竞争力。② 为城市提供 0～2 km 的短途出行解决方案，成为城市交通系统不可或缺的组成部分，可以提高道路资源的利用率，缓解道路交通拥堵现状，解决公交出行"最后一公里"难题。③ 与公共汽车相比。自行车具有体量小、操作灵活、可达性好和投资少的特点。可作为轨道交通接驳的辅助性工具，最大限度地促进各种交通资源的合理利用，满足居民多层次的短距离出行以及不同出行目的的交通需求，便捷、高效地集散客流，提高城市交通的整体运行效率。

6. 网约车

网约车经营服务，是指以互联网技术为依托构建服务平台，整合供需信息，使用符合条件的车辆和驾驶员，提供非巡游的预约出租汽车服务的经营活动。各城市坚持优先发展城市公共交通、适度发展出租汽车的原则，按照高品质服务、差异化经营的原则，有序发展网约车。网约车作为人们出行的重要方式，已经成为很多人生活中不可或缺的一部分。网约车市场在经历了快速发展、市场洗牌等过程后，开始进入新的发展阶段。从早前的"烧钱扩张，野蛮生长"，转变为以"科学发展，合法经营"为导向，竞争方向从流量竞争向服务力竞争转变，市场也开始由最初以自营平台为主逐步向聚合模式转变。与此同时，为推进网约车行业更好地服务消费者，网约车行业的监管也更加严格和有效，合规化成为行业监管的重点。为乘客和网约车司机提供更好的服务和保障将是网约车平台在未来市场竞争中保持优势的关键因素。

1.1.3.2 城市轨道交通

城市轨道交通是采用轨道结构进行承重和导向，设置全封闭或者部分封闭专业轨道线路，以列车或单车运行为基础的一种路权基本隔离的公共交通方式。与常规公共汽车相比，轨道交通具有运量大、速度快、正点、低能耗、少污染、乘坐舒适方便等优点，能将居民的出行时耗控制在一定的范围内，其建设也有利于节约能源和用地，保护环境，引导城市快速发展，但因为它是一种与地面交通分离的独立系统，技术要求高、建设费用大、维护也较昂贵，城市财力不足是难以办到的。因此，只有在大城市客流量很大的线路上才值得使用。

城市轨道交通系统包括线路网、车站、车辆段、停车场及其他运营设施。按其技术特性、运量、区域服务功能等分为地铁系统、轻轨系统、单轨系统、有轨电车、磁浮系统、自动导向系统、市域快速轨道系统等。

1. 地铁系统

地铁系统是一种大运量的轨道运输系统，采用钢轮钢轨体系，是最早出现的城市轨道交通系统。因其主要在大城市地下空间修筑的隧道中运行，因而得名。随着地铁系统的不断发展，现代的城市地铁不仅运行于地下，还包括了地面线、高架线。在许多城市，地铁被称为大容量快速公共交通系统，或快速轨道交通系统。根据选用车型的不同，地铁可以分为常规地铁和小断面地铁；根据线路客运规模的不同，地铁可以分为高运量地铁和大运量地铁。

地铁最基本的特点是与其他交通工具完全隔离。此外，其线路设施、固定建筑、车辆和通信系统均有较高的设计标准。地铁系统的列车编组一般为4～8辆，多数城市为6～8辆，最小运营间隔一般为2 min。站距一般1 km左右，中心区比较短，外围区比较长。其平均运营速度大于35 km/h，高峰时每小时单向运输量可达37万人次，主要服务于城市中心区。

由于路权完全隔离，地铁投资大、建设周期长、运营费用较高。目前，许多大城市的地铁线路是建在地面上的，只在市中区采用地下隧道形式。虽然工程造价高，但地铁具有运量大、速度快、污染少、安全可靠、不占用或少占用城市用地等优势。在城市人口增加、地面交通饱和、技术进步、经济实力增强等因素的作用下，地铁作为城市公共交通工具，已经得到了稳步快速发展。

2. 轻轨系统

轻轨系统是一种中运量的轨道运输系统，采用钢轮钢轨体系，列车编组一般在1～3辆，适合中等规模的城市，在西欧和北美地区的中小城市被广泛采用。轻轨的路权要求不高，大部分是隔离式路权，因此大部分线路采用路面专用轨道或高架轨道，遇繁华街区，也可进入地下或与地铁接轨，因此其建设成本比地铁低。

与地铁相比，轻轨交通站距较小，一般小于1 km，平均运行速度为25～35 km/h，客运能力达1万～3万人次/h。完全隔离的轻轨交通运输性能类似于地铁系统，中心区采用地下隧道形式，外围区采用地面线及高架线路布设形式。路权隔离程度较小的轻轨交通，其运输性能有时类似有轨电车，但是速度比有轨电车快，运能较大。

轻轨的特点是安全、可靠、准时且低污染，它与其他现有的运输系统没有冲突，是一种提供可靠、安全、快捷、承载量大、舒适度高的公共交通工具。不仅舒缓了现有城市地面道路网的压力，也对城市形象的提升有所帮助，并能促进城区间的融合。

轻轨的服务覆盖范围一般为住宅区、商业区、旅游区及人口集中地。目前轻轨的作用是加强与其他公共交通运输工具的互补，满足不同城区对公共运输服务的需求。

3. 单轨系统

单轨系统是一种车辆与特制轨道梁组合成一体运行的中运量轨道运输系统，轨道梁不仅是车辆的承重结构，同时是车辆运行的导向轨道。单轨系统的类型主要有两种，一种是车辆跨骑在单片梁上运行的方式，称之为跨座式单轨系统，另一种是车辆悬挂在单根梁上运行的方式，称之为悬挂式单轨系统。现代的单轨铁路由电动机推进，一般使用轮胎而不使用钢制的车轮。单轨使用橡胶轮胎在混凝土路轨上行走，轮胎会在路轨的上面及两旁转动，推动列车及维持平衡，比较安静。单轨铁路所需的宽度主要由车辆的宽度决定，与轨距无关。且单轨铁路多数以高架兴建，地面上只需很小的空间建造承托路轨的桥墩。相比其他架空铁路，单轨所占用的空间较小，不会影响视线。

单轨系统适用于单向高峰小时最大断面客流量为 1.0 万～3.0 万人次的交通走廊。单轨系统的列车，通常为 4～6 辆编组，相应列车长度为 60～85 m，线路半径不小于 50 m、线路坡度不大于 60‰、站台最大长度不应大于 100 m；最高运行速度不应小于 80 km/h，平均运行速度一般为 20～35 km/h。

单轨系统通常为高架，占地面积很少，与其他交通方式完全隔离，运行安全可靠，建设适应性较强，且具有成本低、工期短的优点。主要适用于：城市道路高差较大，道路半径小，线路地形条件较差的地区；旧城改造已基本完成，而该地区的城市道路又比较窄；大量客流集散点的接驳线路；市郊居民区与市区之间的联络线；旅游区域内景点之间的联络线，旅游观光线路等。高架单轨相对于高架的钢轨地铁，具有占地少、污染小、能有效利用道路中央隔离带等优点，适用于建筑物密度大的狭窄街区。此外，单轨列车和轨道容易进行检查和维修养护。因而单轨不失为大城市客流中等的交通线路和中等城市主要交通线路的较好选择。特别是在地形条件复杂，利用其他交通工具比较困难的情况下，更能体现其优越性。

4. 有轨电车

1879 年，德国工程师维尔纳·冯·西门子在柏林的博览会上首先尝试使用电力带动轨道车辆。此后俄国的圣彼得堡、加拿大的多伦多都进行过开通有轨电车的商业尝试。1884 年，美国人 C.J. 范德波尔在多伦多农业展览会上尝试用电车运载乘客。他试用的电车用一根带触轮的集电杆和一条架空触线输电并以钢轨为另一回路的供电方法。1888 年美国人斯波拉格在里士满用上述方法在几条马拉轨道车路线上改用电力牵引车行驶，并对车辆的集电装置、控制系统、电动机的悬挂方法及驱动方式做了改进，于是出现了现代有轨电车。匈牙利的布达佩斯在 1887 年建立了首个电动电车系统，1888 年美国弗吉尼亚州的里士满也开通了有轨电车。有轨电车在20世纪初的欧洲、美洲、大洋洲和亚洲的一些城市风行一时。随着私家汽车、公共汽车及其他路面交通工具在20世纪50年代起的普及，不少路面电车系统于20世纪中叶陆续拆卸。有轨电车网络在北美、法国、英国、西班牙等地几乎完全消失。但在瑞士、德国、波兰、奥地利、意大利、比利时、荷兰、日本及东欧等国，路面电车网络仍然保养良好。现代有轨电车运行具有可靠、舒适、节能、环保等特点，且其技术特性已与轻轨基本无异，如今许多地方也开始在城市中改建或新增现代有轨电车线路，如法国斯特拉斯堡、瑞士日内瓦、西班牙巴塞罗那以及中国的大连、天津、上海等城市。

现代有轨电车作为一种新兴的城市先进的公交方式，已完成了从传统到现代化的转变，在世界范围内被普遍推广也充满了光明的前景。现代有轨电车有专用路权的有轨电车（metrotram）、与铁路共享路权的有轨电车（tramtrain）、货运有轨电车（cargotram）等多种形式，借助第三轨供电的实践、低地板车辆生产技术、信号与控制技术等技术的进步，现代有轨电车已经成为中小城市公交的骨干，线路几乎全部穿过市中心。哥德堡（Gothenburg）的有轨电车线网呈现出明显的放射型，线路从市中心向郊区辐射。欧洲的城市根据自己不同的经济实力以及有轨电车的发展历史，采取了不同方式来更新、建设有轨电车线路。现代有轨电车与其他机动车相比，有固定的轨道，行人更加安全；且尾气排放少，噪声低，行人的步行环境更佳。因此商业街区通常采用机动车禁行，而只允许行人和有轨电车通行的模式。此外，还有一些城市（如阿姆斯特丹）将有轨电车与公交车的路权共享。这种方式是一种新的尝试。尽管其维护费用比单纯运行有轨电车时高，但较好地保障了同一通道上公交车的优先权，使得原本是有轨电车专用的道路空间利用率大大提高。现代有轨电车的主要优点如下。

（1）建造成本低。对于中型城市来说，现代有轨电车是实用的选择。一公里现代有轨电车线所需的投资只是一公里地下铁路的三分之一到二十分之一。

建设难度相对较低。只需要在地面修建轨道，无需在地下挖掘隧道。

（3）安全系数高。相较其他路面交通工具，现代有轨电车能有效减少交通意外的发生。

（4）环保系数高。现代有轨电车因为以电力推动，车辆不会排放废气，所以是一种无污染的环保交通工具。

（5）可以共同使用车道。现代有轨电车采用槽形轨道，汽车和有轨电车可以共用路面。

5. 磁浮系统

磁浮系统在常温条件下，利用电导磁力悬浮技术使列车上浮，车厢不需要车轮、车轴、齿轮传动机构和架空输电线网，列车运行方式为悬浮状态，采用直线电动机驱动，主要在高架桥上运行，特殊地段也可以在地面或地下隧道中运行。磁悬浮列车是由无接触的磁力支承、磁力导向和线性驱动系统组成的新型交通工具，主要有超导电动型磁悬浮列车、常导电磁吸力型高速磁悬浮列车以及常导电磁吸力型中低速磁悬浮列车。磁浮系统按照运行速度，可分为高速磁悬浮列车与中低速磁悬浮列车两种。高速磁悬浮列车的最高速度可达 500 km/h，通常采用 5～10 辆编组；中低速磁悬浮列车最高速度可达 100 km/h，通常采用 4～6 辆编组。

2022 年 9 月 20 日，中国中车面向全球发布时速 600 km 的高速磁浮交通系统。作为高速交通运输模式，高速磁浮可以成为高速高品质出行的有效途径之一，丰富我国综合立体交通网。它的应用场景多样，可用于城市群内的高速通勤化交通、核心城市间的一体化交通和远距离高效连接的走廊化交通等。当前，我国经济发展带来的商务客流、旅游客流和通勤客流对高速出行的需求日益旺盛。作为高速交通的有益补充，高速磁浮可以满足多元化出行需求，促进区域经济一体化协同发展。

磁浮系统具有铁轨与车辆不接触，运行速度快，运行平稳、舒适，易于实现自动控制，无噪声、不排出有害废气、有利于环境保护、可节省建设经费，运营、维护和耗能费用低等优点。

6. 自动导向轨道系统

自动导向轨道系统，是一种车辆采用橡胶轮胎在专用轨道上运行的中运量旅客运输系统，其列车沿着特制的导向装置行驶，车辆运行和车站管理采用计算机控制，可实现全自动化和无人驾驶技术，线路大多采用高架结构，但也有一些地下隧道。轨道通常为混凝土整体道床结构，在轨道的中央或两侧矮墙上安装导向轨。自动导向轨道系统的车辆通常采用轻小型和橡胶轮胎，外观类似公共汽车，车辆的车体主要采用铝合金材料或纤维强化塑料材料，实现轻量化，车辆定员标准按车厢座位数设定，定员 70～90 人，车辆采用电力驱动和导向运行方式，采用 2～6 辆编组。其建设空间一般为道路进行研究开发并实际应用，适用于城市机场专用线或城市中客流相对集中的点对点运营线路，必要时，中间可设少量停靠站。其主要特点为：实行自动控制，能够实现列车运行控制自动化和运营调度管理自动化。使用橡胶轮胎，噪声小，爬坡能力强，可以通过小半径曲线，最高运行时速 60 km/h，平均站间距离为 800～1 200 m，平均运行速度>25 km/h，客运能力为 1.5 万～10 万人次/h。

7. 市域快速交通

市域快速轨道系统是一种大运量的轨道运输系统，日客运量可达 20 万～45 万人次。市域快速轨道系统适用于城市区域内重大经济区之间中长距离的客运交通。市域快速轨道列车主要在地面或高架桥上运行，必要时也可采用隧道方式。快速轨道系统一般由铁路部门运营管理，路权一般是隔离的，也有信号平面交叉口。其动力一般为电力，也有内燃机，车辆可独立运营也可编组为列车运营，乘坐舒适度较高。平均出行距离较长，站距长（一般为 35 km），运营速度高（一般为 30~75 km/h，最大速度超过 100 km/h，可靠性强。

市域快速轨道系统具有其他旅客运输方式无可比拟的优越性：速度快、运量大、能耗少、污染小、安全性和舒适性高，且占地少。在客流性质方面，客流存在明显的日波动、周波动，客流成分以往返性客流为主，列车编组少于干线铁路；在运输任务方面，市域快速轨道系统基本不承担货物运输，以客运为主，与干线铁路相比，市域快速轨道交通的乘距比干线铁路短。市域快速轨道系统主要为城市带或城市群的居民提供公务、商务服务（工作圈中）和通勤、通学服务（生活圈中），距离一般不超过 300 km，一般一次出行不超过 2 h 即可到达目的地。市域快速轨道交通作为专用的客运交通，主要承担沿线各个主要城市和主要中心城镇之间的客流输送，就像是城际间的公交车一样。它兼顾客货综合中心区，发车密度比较密集，接近"公交化"。市域快速轨道交通是个全新的概念，它要求方便、快捷、舒适及准时，其列车制式、运行方式、运营方式和站点设计等都与传统的运输方式不同，因此要用全新理念、全新模式来规划、设计和建设。

1.1.3.3　城市水上公共交通

城市水上公共交通是航行在城市及周边地区范围水域上的公共交通方式，其主要运行方式有三种：连接被水域阻断的两岸接驳交通；与两岸平行航行，有固定站点码头的客运交通；旅游观光交通，三者均为城市地面交通的补充。城市水上公共交通系统包括城市客渡系统、城市车渡系统。这对没有桥梁、隧道或过江通道能力短缺的城市来说，显得十分重要。轮渡具有固定线路，其线路规划依赖于城市道路系统的规划、越江隧道及地铁的规划，主要弥补越江（海）交通的不足。轮渡两岸应有规范的客运码头和相应的公共基础设施。

城市客渡系统是城市水上公共客运交通的主体。城市客渡有固定的运营航线和规范的客运码头，是供乘客出行的交通工具。客流系统的运输能力取决于城市客渡的运输能力、运营航线的配船数、航班频率、运营时间、河面交通通畅程度和水位枯涨情况等因素。常规客渡轮定员不超过 1 200 人，快速客渡轮定员不超过 300 人，而游览客渡轮定员不超过 500 人。除了快速轮渡的航速达到 35 km/h 外，其他轮渡的航速均不足 35 km/h。

1.1.3.4　城市其他公共交通系统

城市其他公共交通系统是由于一些特殊类型客运交通工具的存在，以及今后交通的发展需要而形成的，属于城市公共交通系统的补充，以满足乘客不同的出行需求。这些设施包括客运索道、客运缆车、客运扶梯和客运电梯等。

1. 客运索道

客运索道是一种由驱动电动机和钢索牵引的吊厢（吊椅、吊篮），以架空钢索为轨道运行的客运方式。客运索道主要用在山地城市、跨水域城市克服天然障碍的短途客运，一般不大于 2 km。索道系统主要由支承塔架、承载索、牵引索（在循环式索道中，承载索和牵引索合一）、驱动机、载人吊厢（吊椅、吊篮）、站台建筑、运行控制设备和通信设施等组成。除了车站外，一般在中途每隔一段距离建造承托钢索的支架。部分索道采用吊挂在钢索之下的吊车；亦有索道是没有吊车的，乘客坐在开放在半空的吊椅上。

双往复式索道的两个吊厢分别沿线路两侧的钢索交替运行。其吊厢应为封闭式，吊厢定员为 4～200 人，索道最大坡度不大于 55°，客运能力不大于 4 000 人次/h，运行速度不大于 12 m/s。

循环式索道的吊厢（吊椅、吊篮）沿着线路两侧的钢索循环运行。吊厢定员 4～24 人，吊椅定员 2～8 人，索道最大坡度不大于 45°，客运能力不大于 4 800 人次/h，运行速度不大于 6 m/s。

2. 客运缆车

山区城市的不同高度之间，沿坡面铺设钢轨和牵引钢索，车厢以钢轨承重和导向，并由钢索牵引运行的客运方式称为客运缆车。适用于需要克服地域高差较大的短途客运交通线路，以及山区旅游地区等。

客运缆车系统主要由车站建筑、轨道基础设施、轨道结构、牵引钢索、导向轮、驱动系统、行车控制系统、通信设施和载人车辆组成。

缆车系统的载人车辆，为无动力轨道车辆，车辆宽度和轨距标准可根据线路环境条件确定或参照轻轨交通标准采用，车辆定员为 40～120 人，客运能力不大于 2 400 人次/h，运行速度不大于 5 m/s，线路坡度不大于 45°。

3. 客运扶梯

在山地或建筑物的不同高度之间，由驱动电动机和齿链牵引的梯级和扶手带，沿坡面连续运行的客运系统称为客运扶梯。在山地或建筑物的不同高度之间，由驱动电机和齿链牵引的梯级和扶手带，沿坡面连续运行的客运系统称为客运扶梯。一条线路有两部扶梯并列相向运行。当线路长度大于 100 m 时，宜分段设置，线路坡度不大于 30°。当扶梯上无乘客时，扶梯应自动减速运行。

4. 客运电梯

电梯是指在山地或建筑物的不同高度之间，由驱动电动机和钢索牵引的轿厢，沿垂直导轨往复运行的客运系统。线路一般为直达，必要时也可设置中途站，轿厢尺寸与结构形式便于乘客出入。客运电梯多服务于多层建筑的乘客，是建筑物内的垂直交通工具。定员为 12~48 人，客运能力不大于 2 000 人次/h，运行速度不大于 10 m/s。

任务 1.2　城市公共交通系统发展趋势

城市公共交通系统发展趋势

1.2.1　拟完成的任务

城市的经济发展水平和城市公共交通系统发展密切相关，或许交通拥堵的外在表现类似，但是每个城市解决城市交通问题的策略却不尽相同，这主要因为城市公共交通系统的发展战略还与城市的经济、人口、用地规划布局、道路网格局等多种因素相关。结合自己生活所在城市影响交通发展的各种因素，参照城市公共交通发展阶段及特征，撰写该城市公共交通系统发展现状论文，研判其城市公共交通系统发展处在哪个阶段并进行分析。

1.2.2　任务目的

（1）能够对城市人口、经济、政治、用地布局、城市发展战略等因素进行分析；
（2）能够根据城市各影响因素及特征，研判城市公共交通发展阶段；
（3）掌握科技论文撰写的基本格式和方法；
（4）培养具体问题具体分析、坚持实事求是的实干精神。

1.2.3　相关配套知识

1.2.3.1　我国城市公共交通发展阶段

城市公共交通系统结构与城市经济发展、人口规模、空间布局等有密切关系，总体来讲，我国的城市公共交通系统发展从结构上可以分为五个阶段。

1）第一阶段：出行率不高的非机动交通主导发展阶段

第一阶段是出行率不高的非机动交通主导阶段，这一时期的城市交通以自行车和步行为主，两者的比重占整个出行总量的 60% 以上；改革开放前的 20 世纪 70 年代末以前的多数城市基本上处于这个阶段。

2）第二阶段：公交主导的发展阶段

第二阶段是公交主导的发展阶段，其基本特征是随着城市经济的发展，公共交通得到了较快发展，这一时期基本上属于改革开放初期，出行量增长，出行距离增加，但是城市经济水平总体上仍然处于较低水平，人们无力购买私家车。

3）第三阶段：城市机动化前期发展阶段

第三阶段是城市机动化前期发展阶段，其基本特征是城市居民收入有了明显增长，经济水平提高，步行与自行车开始明显减少，工薪阶层开始拥有私人小汽车但仍属少数；这一时期的多数城市是以出租车、摩托车（替代机动化手段之一）的增长为标志的。

4）第四阶段：城市机动化发展阶段

第四阶段是城市机动化发展阶段，该阶段中，城市居民收入水平进一步提高，私家车进入普通家庭。私家车的迅速增加导致城市道路交通拥堵进一步加剧、同时环境污染等城市问题突出。以北京为代表的我国部分特大城市是 20 世纪 90 年代中期到 21 世纪初的典型例子。

5）第五阶段：交通结构优化阶段

第五阶段是交通结构优化阶段，其基本特征是优先发展公共交通，建立以轨道交通为主骨架，以道路公交系统为主体，以出租车为补充，结合发展快速公交系统、电车系统、水上巴士等多种交通方式的综合发展模式。通过优化城市交通结构，可以综合治理道路交通拥堵。

1.2.3.2 国内外城市公共交通系统的发展模式

城市公共交通系统的结构与城市的经济发展、城市发展等因素紧密相关，所以目前世界各大城市公共交通系统结构的构成千差万别，但是从城市公共交通发展模式的角度来说主要有 5 种，分别是以小汽车为主的发展模式、以轨道交通为主的发展模式、轨道交通和地面常规公交并重的一体化发展模式、快速公交系统（地面公交）为主的发展模式以及以非机动车交通方式（摩托车）为主、多种交通方式并存的发展模式。

城市公共交通系统发展模式

1. 以小汽车为主的发展模式

美国城市的例子最为典型，几乎所有城市都采用了以小汽车为主的交通发展模式。对于美国大部分城市而言，小汽车交通方式已成为其生活方式的象征，如洛杉矶、芝加哥、旧金山、底特律、华盛顿和亚特兰大等城市小汽车出行比例都高达 90%。以小汽车为主要交通方式的城市一般具有以下共同特点。

（1）鼓励小汽车发展的政策。第二次世界大战结束后，美国采取了鼓励发展小汽车的战略，实施了一系列的措施鼓励小汽车的拥有和使用。目前，美国的小汽车购买价格和油价都远低于其他西方发达国家，同时给予修建高速公路以更多的投资，最终使小汽车在美国飞速发展。

（2）较高的经济发展水平。无论是小汽车的拥有、使用还是道路基础设施的建设等，都需要有强大的经济作为基础。

（3）完善的基础设施。二十世纪五六十年代起，美国建造了大量的高速公路，目前美国高速公路里程已达到 88 000 多 km，占全世界高速公路总长度的近 40%，美国最早成为拥有世界上最发达的高速公路网络的国家。同时建设了包括城市快速道路在内的道路网络系统，交通设施占地约为市区用地面积的30%～40%，在郊区约为20%。这使小汽车交通工具的普及成为可能。

（4）分散的城市布局。美国是一个地广人稀的国家，第二次世界大战结束以后，美国把大量复员军人安置在条件较好的郊区，同时大量中、高收入阶层为追求田园式的低层独院的现代化住宅，从市中心迁往郊区。市中心开始衰落，城市向郊区发展，城市用地变得分散，甚至形成蛙跳式开发，难以形成客运交通走廊，公交显然无能为力。这种城市布局和生活方式决定了小汽车主导模式的形成。

总的来说，采用小汽车为主的交通发展模式，与地广、人稀、钱多、车多等因素密不可分。但是随着交通拥堵、能源危机的加剧，不少城市开始反思过去的策略。

2. 以轨道交通为主的发展模式

典型的代表是日本城市。虽然日本和美国一样具有发达的经济、先进的汽车工业，汽车产量位居世界前列，私人小汽车拥有量也很高，但是日本人出行，特别是上下班的通勤出行主要依靠轨道交通，轨道交通承担了城市60%以上的客运量。以东京为例，整个地区大约有2 000万人口，但是它有2 350 km的城铁，其中有260多km的地铁，每天承担着3 600万人次的客运量，占整个公交出行量的90%以上。可以说，离开了轨道交通，整个东京都市圈的功能将陷入瘫痪。日本的城市最终选择了轨道交通为主的发展模式，主要是由以下特点决定的。

（1）地少人多，土地资源缺乏。日本是个地少人多的国家。全国大部分人口都集中在东京、大阪和名古屋三个都市圈范围内，人口高度密集，如果采用小汽车为主的交通模式，至少需要修建12条双向6车道的高速公路连接市中心，这对于日本这样一个土地资源缺乏的国家来说，是不现实的。

（2）城市布局高度集中。日本的城市采用的是高密度、集约化的土地开发模式，能形成客运交通走廊，加上大量的工作岗位集中于市中心区，形成大量长距离的"潮汐"客流，适合轨道交通方式大运量、长距离的技术经济特性。

（3）经济发展为轨道交通的发展提供了强有力的保障。轨道交通需要花费大量的建设资金。日本是在20世纪70年代初，人均国民收入达到1 600美元以上的时候，提出建设"以大城市为中心向外放射的铁路、公路交通干线"的目标；到20世纪70年代中期，人均国民收入超过3 000美元，私人小汽车迅速发展的同时，轨道交通也进入了高速增长期，大力发展新交通系统、地铁等，并利用高效的综合换乘枢纽，将多种交通方式紧密地衔接起来，在供给特性上形成了可以和小汽车抗衡的力量。

（4）政策上出台保障措施。在发展城市交通的过程中，日本运输省制定了明确的发展政策。如在制订城市交通规划时，首先规划的是起骨干作用的电气化铁道，再综合布置其他交通设施；在缓和大城市客运紧张状况时，必须大力发展以大运量公共交通为主的高效交通系统（地铁、新交通系统等），从而确立了轨道交通方式在日本的主体地位。

显然，经济发展水平高、财力雄厚、人口密集、用地布局紧凑、能形成客运交通走廊的大都市地区是采用以轨道交通为主的发展模式的重要条件。

3. 轨道交通和地面常规公交并重的一体化发展模式

世界上另一些大城市在小汽车的发展上，采取了有限制的发展策略。小汽车的规模大都保持在"千人百辆"水平，小汽车完成的客运量占城市客运总量的30%左右。新加坡和香港属于面积狭小、人口高度集中，不利于发展小汽车的地方，对小汽车的发展采取了明确而有效的限制。自20世纪80年代中期以来，新加坡一直保持在每千人拥有小汽车100辆的水平。香港目前拥有小汽车在每千人60辆的水平。

轨道交通和常规公交并重的交通发展模式以香港和欧洲部分城市为代表。与以轨道交通为主的交通发展模式不同，轨道交通和常规公共交通在城市客运交通系统中都居于重要的地位。以香港为例，2001年公共交通系统城市客运分担的比例为：巴士（包括专营巴士、小巴、居民巴士和九龙接驳巴士）55.2%、轨道31.5%、的士11.9%、山顶缆车0.1%、轮渡1.4%。

欧洲的许多城市和香港都具有足够的实力发展以小汽车为主的交通模式，但是这种现象并没有在这些城市出现。欧洲的一些城市虽然做过一些尝试，但汽车迅猛发展导致拥挤、堵塞、交通公害等问题，最终使这些城市选择了轨道交通和常规公共交通并重的交通发展模式。采用这种交通发展模式的城市具有以下共同点。

（1）城市人口密度高。香港和欧洲城市内城区的人口密度都比较高，城市居民的高密度分布，使得难以修建足够的交通设施（道路、停车场等）以适应小汽车的充分发展。

（2）公共交通比较发达。在香港和欧洲城市都建有发达完善的公共交通系统设施，郊区铁路、城市地铁、轻轨、常规公共交通组成了现代化的公共交通网络。在香港，地铁、九广铁路以及轻轨几乎覆盖了除香港岛南部以外的全部区域，在这些轨道交通站点可以很方便地换乘巴士、出租车等交通工具，并且将物业开发与轨道交通建设紧密地结合起来，以方便居民出行。正因为此，人们采用公交方式出行，甚至比小汽车更便捷，公共交通成为这些城市的主要的交通方式也就成为必然。

（3）私人交通工具的使用空间非常有限。香港特区政府采取了限制小汽车拥有的政策，用提高私车登记费等手段，将小汽车的规模控制在每千人60辆的水平。在欧洲，虽然小汽车拥有率很高，但是欧洲的城市采取了一系列的措施来减少小汽车在城市中心区的使用，如提高小汽车在中心区的停车费用，在城市边缘轨道交通站点附近为小汽车提供免费停车场等，鼓励居民采用公共方式进入市区。

上海也是城市公共交通系统一体化发展模式的代表，地处长江三角洲前缘的特大型城市，拥有常住人口2 400多万，市域面积6 340 km²。上海市目前采用以快速道路系统为主，轨道交通和公共汽电车相结合的一体化公共交通模式。上海市发展公共交通在加强规划建设的同时，城市公共交通管理水平不断提高，管理机制不断完善，按照将所有的公共交通资源进行统一规划、统一管理、统一组织、统一调配的原则，实现一体化发展的公共交通模式，以便最充分地利用交通资源和最好地满足所有的交通需求，努力缓解乘车难、道路拥堵等矛盾，促进了城市经济和社会的迅速发展。

综上所述，人口密集、公交发达以及政策上的导向作用等对于确立以公共交通（轨道和常规公交）为主的交通发展模式具有决定性的作用。

4. 快速公交系统（地面公交）为主的发展模式

巴西库里蒂巴可称得上是快速公交系统的发源地。库里蒂巴市现在已经修建的放射状双向快速道路有5条，总长度为72 km。快车线共有专用道56 km、接驳线270 km和区间线185 km，形成了511 km的公共交通线网，将该市周围13个区组成一个整体化的公交系统。在每条双向快速道路上，都设计有3个车道。在中间的为双向快速公交车道，专门留给公共汽车使用；它的两边各有一条机动车道，往返于不同方向的其他机动车在上面行驶。为了方便车辆进出市中心，双向快速公交车道两侧各隔一个街区，还有与之平行的单向快速车道。"快速公交系统"由快速线、直达线、小区间联线、输送线和枢纽站组成，总长度为100 km，十分壮观，承担了75%的市民出行需求。

库里蒂巴形成了以快速公交系统（地面公交）为主，以地面公交为补充的公共交通发展模式，自系统运营以来，有28%的乘客放弃了自己驾车出行。另外，由于公共汽车的使用减少了人们使用私人机动车的频率，库里蒂巴的污染也得以减轻，因而获得了"世界生态之都"的美誉，1990年获得国际节能学会年度奖。世界银行的交通专家高度评价说，库里蒂巴市的"快速公交系统"布局合理，分流科学，条条线路各负其责，优势互补，是目前世界上最实用的城市交通系统。它为人口密集的城市提供了一个耗资低、建设周期短、速度快、准时性好的新型高效率公共交通工具，值得借鉴。

5. 以摩托车/电动车为代表的非机动车交通方式为主、多种交通方式并存的发展模式

目前我国的许多中小城市都采用了以摩托车/电动车为代表的非机动车交通方式为主、多种交通方式并存的发展模式。这种交通发展模式的主要特点为：私人交通方式[步行+自行车（电动车）+摩托车]在城市交通结构中占有绝对的优势，通常为60%～80%；摩托车、助力车交通方式所占的出行比例高，对于不同大小和性质的城市，变动范围也比较大；其他交通方式如公交、出租车、小汽车等在城市客运交通系统中也占有一定的比重。这种交通发展模式是与下列因素紧密相关的。

（1）经济迅速发展的地区，但总体经济发展水平相对较低。在很多中小城市，私人小汽车的拥有量还很低，摩托车就成为现阶段能被人们广泛接受的私人代步交通工具。

（2）相对集中的城市用地形态。目前我国城市的用地形态多为单中心连片密集布局，用地紧凑集中，特别是在计划经济体制下形成的以单位作为居民生活基本的地域组织，即工作单位是人们生活的核心，居住、休闲、娱乐、教育等，尤其是单位提供的附属设施，往往与工作单位集中布置在一起，居民平均出行距离较小，中短距离出行所占比重较高，出行范围基本上为 2～5 km，采用步行和自行车交通方式出行正好适应，客观上为自行车在城市的发展创造了有利的条件。

（3）具有中等质量的公交服务水平。我国多数城市公交设施建设长期以来投入不足，发展缓慢，公共交通的运营效率和服务质量没有明显提高，这为非机动化交通的发展提供了现实需求。

随着城市化进程的加快、城市规模的扩大以及基于单位的城市结构框架被打破，居民的出行特征将会发生很大的变化，加之居民收入水平的提高等因素的共同作用，以非机动车为主的交通发展模式，必将被机动化的交通发展模式所打破，以满足人们更高层次的出行需求。

1.2.3.3 公共交通发展趋势——可持续发展的公共交通模式

可持续发展的城市公共交通模式，不仅是一个以通达、有序、安全、快捷、宜人、低能耗、低污染为目标，达到高效、便捷、安全地输送客流的模式，还是一个从根本上改善人居环境质量，协调好城市公共交通系统与自然系统关系，实现城市公共交通效率、资源利用、生态环境保护"三位一体"可持续发展的模式。其表现是城市交通环境的不断改善和城市公共交通所需资源的合理开发利用。

可持续发展公共交通模式是以先进的科学技术为基础，在促进公共交通系统建设与发展的同时，重视对城市生态环境的保护和资源（重点是不可再生资源）的优化利用；在重视公共交通系统建设的同时，重视公共交通设施利用效率的提高；公共交通系统在满足近期需求的同时，要符合城市社会经济生态环境复合系统可持续发展的整体要求。可持续发展的公共交通模式体现在城市公共交通的发展与土地资源友好、能源友好、环境友好、居民出行友好的有机结合。它具有以下三个特点。

（1）城市公共交通网络布局应该与生态环境保护和土地利用相结合。

（2）城市公共交通网络应该与交通需求管理相结合。

（3）城市公共交通网络应该既能满足目前的交通需求，又能为将来城市的持续发展留有余地。

城市公共交通能否迅速发展，决定了城市是否可持续发展和能否实现交通方式的大众化和现代化，发展公共交通也是一个国际性的趋势。生态交通理论，智能交通理论和"以人为本"交通理论是可持续发展公共交通模式的指导思想和理论依据。

生态交通是一种环保型、零污染的绿色交通模式。绿色交通方式要求城市公共交通采用无污染、低公害的运输工具，不断改进各种交通工具的性能，这要求运输工具从生产到其生命终结，整个运行过程对环境无污染，无排放污染物、无噪声。报废运输工具的材料可以回收再利用，不会造成二次污染。在建设、运行、维修和养护过程中，对生态环境的各种损害必须控制在最短时间内即生

绿色交通

态环境能自我修复的界限内。

生态交通的发展目标是通达和有序、安全和舒适、低能耗和低污染三个方面的完整统一，以及公共交通系统高效性和持久性的协调。生态交通更深层次上的含义是和谐的交通，包括公共交通与生态的和谐、公共交通与心理环境的和谐；公共交通与未来的和谐适宜于未来的发展；公共交通与社会的和谐安全、以人为本；公共交通与资源的和谐。

任务 1.3　城市公共交通客流调查分析

城市公共交通客流调查分析

1.3.1　拟完成的任务

为了更好地掌握城市居民出行需求，某城市交通管理部门决定进行一次所研究城市区域范围内居民出行交通调查，结合你学到的知识和技能，利用网上调查工具，制定一份线上公共交通出行特征调查方案，全班同学同时实施交通出行特征调查，并对调查结果进行整理分析，撰写居民出行调查分析报告。

1.3.2　任务目的

（1）会根据任务进行公交客流量调查方案设计并组织实施；
（2）能够整理交通调查数据并进行必要的统计分析；
（3）根据统计分析结果，分析该区域居民出行客流的时间和空间特征；
（4）培养严谨的实事求是的工作作风，提升数据分析岗位技能。

1.3.3　相关配套知识

1.3.3.1　城市公共交通客流的概念

客流是指乘坐公共车辆的乘客群，由于乘客群沿着公共客运线路流动，所以又称为乘客群流，简称客流。乘客群流动的数量，简称为客流量。客流量是反映城市居民总体乘坐公共交通工具需求的概括数据。它是由城市区和郊区的固定居住人口和外来临时人口，因生产、生活等需要而出行乘车构成的。客流量受多种因素的影响，包括时间、方向、地点、距离、数量等。

客流量的大小取决于城市性质与面积、人口密度、经济水平、就业人口、城市布局、出行距离以及公共交通线路网的布设、票价和服务质量等因素。为了分析客流在公共客运交通线路上的具体分布，经常要了解某一路段或某一站点的乘客乘车情况，这就需要进行客流调查，以求掌握以下几个指标。

（1）集结量。集结量是指在单位时间内某站（段）需要乘车的乘客人数，等于运载量和待运量之和。

（2）运载量。运载量是指在单位时间内某站（段）乘坐火车的乘客人数。

（3）待运量。待运量是指在单位时间内某站（段）未乘上车而留站等待上车的乘客人数。

（4）疏散量。疏散量是指在单位时间内某站（段）下车的乘客人数。

（5）集散量。集散量是指在单位时间内某站（段）集结量和疏散量之和。

（6）通过量。通过量是指在单位时间内车辆向一个方向运行时经过某路段（站点）的乘车人数。

【例1-1】已知某公交线路在1 h内各站点（起始①站—终到⑤站）的上车人数、下车人数和留站人数，求各路段的通过量。数据见表1-3所示。

表1-3　各站点通过量数据

人数	站点				
	①	②	③	④	⑤
上车人数	50	40	70	35	
下车人数		30	40	60	65
留站人数		5	10		

解答：①②路段通过量=50人次；

（2）—③路段通过量=（50+40-30）人次=60人次；

（3）—④路段通过量=（60+70-40）人次=90人次；

（4）—⑤号路段通过量=（90+35-60）人次=65人次。

1.3.3.2 城市公共交通客流的分类

客流是由乘客乘车形成，乘客乘车都有一定的目的性，如上下班、购买货物、文化娱乐、探亲访友等，由于乘车目的性不同，乘车的次数和特点也不相同。为了掌握客流变化规律，需要进一步分析客流的类型。根据客流调查资料分析需要，按照乘车目的性，可以将客流分为以下三种类型。

1. 工作性乘车

乘客因上下班需要而乘坐公交车辆形成的客流，统称为工作性客流。这种客流每天有固定的乘车次数和一定的乘车时间，比较稳定，有一定的动态规律，是公共交通的基本客流。

2. 学习性乘车

乘客因学习需要而乘坐公交车辆形成的客流，统称为学习性客流，包括业余学习客流、脱产学习客流等，这种客流也有固定的乘车时间和乘车次数，但数量比较少，是公交系统的次要客流。

3. 文娱生活性乘车

属于文化生活需要而出行的客流范围很广，如乘车去文化娱乐场所，购买商品，走访亲友等，这种客流统称为文化生活性客流，这种客流没有固定的次数，但是数量却很大，特别在节假日的数量更大。影响这种客流的因素很多，如气候的转变、社会活动的频繁，经济水平的高低等等都直接影响这种乘车的次数。所以，这种客流的稳定性很弱，有特殊的规律性，是调度部门较难处理的一部分客流。

1.3.3.3 客流在空间分布上的变化规律

由于客流的构成有多种因素，具体反映在空间的线网上、方向上、断面上的动态规律都有所不同。

客流变化特征

1. 路网上客流

线路网上客流动态是指全市性的平面上的乘客动态，它反映全市公共交通线路网上客流量的多少及分布特点。一般城市的中心区客流量最密集，而边缘地区则相对稀疏。

线路网上的客流动态，一般是由中心区的集散点逐渐向外围延伸，客流的动态分布与城市的总体布局有很大关系，并受到道路格局的制约，反映在线路网上，根据路网形状一般有放射型、放射环型、棋盘型、不定型等。

线路网上客流量动态数值是用通过量表示的，各个断面（路段）的通过量按照时间顺序排成数列，即可显示出线路网上客流量的动态数值及变动特点。根据线路网上客流量动态变化的方向和数值及波动幅度，可以为新辟线路、调整运营车辆的选型、定数提供参考资料。

2. 方向上客流

公共交通的每条线路都有上、下两个方向。可以规定：某一条线路两端的站点分别为 A 站和 B 站，若线路表示为"A 站—B 站"，则"车辆从 A 站至 B 站方向运行"称为上行方向，反之，"车辆从 B 站至 A 站方向运行"称为下行方向。

线路两个方向的客流量在同一分组时间内一般是不完全相等的。有的线路两个方向的运量几乎相等，而有的线路则差异很大。由于方向上的客流动态只有两个数值，故其动态类型也就比较少，一般有以下两种。

（1）双向选择型。双向型是指线路上行、下行两个方向的运量值接近相等，很多市区线路是属于双向型的，这种线路在调度上比较容易处理。

（2）单向型。单向型线路上行、下行两个方向的运量数值差异很大，特别是通过郊区或通往工厂区的线路，很多是属于单向型的，这种线路在调度上较为复杂，车辆的利用率较双向型为低。

研究方向上客流动态，可以确定相应的调度措施，为合理组织车辆配置提供依据。

3. 断面上客流

在同一时间段内线路上各站点的上下车人数一般也是不完全相等的。若将同一时间段内一条线路各断面通过量的数值，按照上行和下行各个断面的前后次序排成一个数列，则可以从这个数列中能显示出该线路在这个时间段内各断面上的客流动态，这是客流在断面上的分布特点和演变趋势。

整个线路可以归纳为以下几种主要动态类型。

（1）凸型。凸型是指线路各断面的通过量以中间几个断面的通过量为最高，这些断面上的客流量呈突出的形状。

（2）平衡型。平型是指线路各断面的通过量很接近，客流强度就近乎一个水平。有的线路在接近起、终点站前一两个站，断面通过量较低或较高，但是其他断面的通过量很接近，也属于此种类型。

（3）斜型。斜型是指线路上每个断面上的通过量由小到大逐渐递增或由大到小逐渐递减，在断面上呈现梯形分布的现象。

（4）凹型。凹型是指线路中间几个端面的通过量低于两端断面的通过量，全线路断面的通过量分布呈现凹型状态。

（5）不规则型。不规则型是指线路上各断面的通过量分布高低不一，不能明显表示某种类型的形状的线路。

通过以上断面客流动态分析，可以为经济合理地编制行车作业计划及选择调度措施提供重要的依据。

1.3.3.4 客流在时间上的变化规律

实际情况表明，客流不是固定不变的，而是一刻不停地变动着，但是这种变化有一定的特性，如果能认识和掌握这种变化的特性，就能使生产调度工作更好地适应客流变化的状况。客流变动的特性，概括地说可以称为"多变有规律，集中不平衡"。

各条线路的客流不论在时间上、方向上或地段上都是不停地变化着，几乎是不变的。如一周内每天的客流各不相同，特别是休息日（周六、周日）前后一天的客流可能会形成显著高峰；在一昼夜内每小时的客流在方向上或地段上也不相同，有高也有低，尤其是在上下班前后客流更为集中。不仅如此，客流变化的程度和范围也各有不同，有的越变越高，而有的越变越低，有的变化幅度很大，而有的变化幅度却很小。这种客流的变动情况多种多样体现了客流的多变性。

虽然客流是多变的，但客流的变化在一定程度上、在一定幅度内是有其规律性的。事实证明，客流在时间上总是有一定重复演变的规律呈现。客流在一定幅度内呈现的周期循环演变，就形成了一定的规律性，认识这些客流变化的规律性是运营调度工作的一个重要内容。

1. 客流在季节上的变化

一年中，每月的客流量互有差异、很不均衡。客流是由乘车流动所形成的，乘客流动也是由各方面因素所决定。各方面因素的影响既广泛又复杂。因此，客流形成的众多因素（或条件），不论是社会因素还是自然、经济等因素，都有着密切的联系。天气、集会游行、施工作业等因素都会直接影响客流的变化。客流与各方面的普遍联系的特性称为客流的普遍联系性。

客流的普遍联系性，虽然范围很广，内容很多，其中关系比较密切的有乘客的个人经济（就业）、自然气候、其他交通工具和服务质量等。例如冬季客流量较高，夏季则较低；年终人们出行活动增加，城市市区、郊区的客流量都有较大幅度上升；夏季学校放假，农村处于农忙季节，导致市区、郊区客流量下降；沿海地区在春节前后的打工潮，致使运输枢纽附近的线路客流发生剧烈变化等等。

因此，做好季节性客流动态分析，可以为制订季节客运生产计划提供主要资料，这些资料也是编制各月行车作业计划的重要依据之一。

2. 客流在周日间的变化

在一个星期的七天之中，由于受到生产和双休日的影响，每天的客流量是不相等的。如果工厂轮休日没有大幅度的变动，每周的客流量就会有重复出现的规律。其特点是工作性客流在每星期一至星期五之间达到一周的最高峰；市区线路在双休日，由于休假单位多而且集中，所以工作性客流量大幅减少，而生活娱乐性客流则有很大增加。

3. 客流在昼夜间的变化

在一昼夜内，各个时间段的客流动态是不相同的。公共交通的基本客流是工作性客流，在市区内这种现象在工作日是非常明显的，一般在早晚两个客流高峰时间内会出现。在工业区运营的线路上，因受到三班工作制的影响，还会另外形成中午和夜间两个客运小高峰；在郊区，在时间上客流量上午起伏度较小，但是，郊区的客流量受季节、气候变化的影响较大，一般夏季中午客流量较低、早晚较高，而冬季早晚较低、白天较高。

根据客流量在一昼夜不同时间内的分布，其动态演变可以划分为以下四种基本类型：

（1）双峰型。这种类型在一昼夜中有两个显著的高峰，是一种典型的变化，在大城市和工业性城市有一定代表性。一般情况下，一个高峰出现在上午上班时间，被称为早高峰；而另一个高峰则出现在下午下班时间，被称为晚高峰。

（2）三峰型。这种类型比双峰型多出一个高峰，如果这个高峰出现在中午，则称为午高峰，而出现在夜晚，则称为小夜高峰。一般情况下，这个高峰的峰值比早、晚高峰要小。这种情况常见于市内线路上。

（3）四峰型。这种类型比双峰型多出两个高峰，这个高峰一般出现在中午和晚上，而它们的峰值总比早、晚高峰小。这种类型多出现在工业区行驶的线路上，其主要乘客是三班制人员，高峰时间较短，但是调度工作必须重视。

（4）平峰型。这种类型的客流动态在时间分布图上没有明显的高峰，客流量在一个昼夜分组时间内虽然有变化，但是升降幅度不大，一般出现在郊区农村行驶的线路上。

客流的动态分布与演变，都有一定的规律性。但是这种规律随着城市布局的改变和城市经济的发展会产生一定的变化。所以，经常深入线路现场，加强客流动态调查，找出其变化规律，是公共交通运营部门经常性工作。

1.3.3.5 公交客流调查的常用方法

公交客流调查

这里的客流调查是指公共交通企业有目的地对客流在线路、方向、时间、地点、断面上的动态分布所进行的经常的或定期的，全面的或抽样的调查并进行分析的过程，是对城市居民乘车需求情况的分布资料的收集、记录和分析过程。

经常系统地进行客流调查是为了研究线路在各季节、各月、各周中及昼夜小时客流量的周期性变化规律。客流调查可以使行车作业计划组织设计更切合实际。通过经常的定期的客流调查，可以检验运行调度措施、行车运行实际情况和客流实际的偏离程度，并根据客流动态对其及时进行修改、补充和完善。客流调查是公共客运经营管理的基础工作，掌握客流的规律，有利于合理地平衡行车计划，缓解高峰时间乘车拥挤的矛盾，避免非高峰时间车辆空驶造成的浪费，经济合理地使用车辆。通过客流调查资料的分析，了解线路客流在各断面上、时间上、方向上的不平衡性情况，合理配备车辆，编制符合实际的行车时刻表，使运营调度科学化。

1. 客流调查的作用

乘客是公共客运交通的服务对象和研究对象，对客流的动态调查与分析，是公共客运交通部门经常进行的工作。客流量是随着时间变动在各个方向和各个断面上不断变化的，通过调查，掌握客流变化的动态规律和特点，为提高运营管理水平，改进调度措施，充分发挥车辆的运营效能，提供重要信息和决策依据。具体地说，包括合理布设线路网，开辟新线路，调整现有线路；合理设置停靠站或调整原有停靠站；选择客运交通工具的车种、车型，经济合理地配备运力；组织行车调度，编制行车作业计划，改进调度措施，制定公共交通企业的长远发展规划，适应城市发展，满足人们不断增长的乘车需求等。

2. 调查的种类

客流调查要根据一定的目的和需要进行，有以下几种方法。

（1）季节调查。季节调查是指每季节进行一次，至少要在冬夏两季固定的时间进行一次。

（2）节前调查。节假日的客流调查，可以分为节前、节日期间的调查。节前调查的目的是为安排节日的运行调度提供预测，节日期间调查的目的是反映节日期间的实际情况，为今后的节日调度积累资料。

（3）日常调查。调度部门的基本工作是进行日常调查。现场调查的资料，必须符合定时定点的原则，便于分析和汇总。

（4）随车调查。随车调查是指由专人乘坐在线路运营车辆上，逐站地记录两个方向的上下车人数的调查活动。

（5）驻站调查。驻站调查是指派专人在站内记录上下车人数以及通过驻站点的车内乘客人数的调查活动。

（6）出访调查。出访调查是指派专人走访被调查单位，了解该单位所属人员乘车情况和参与该单位主办各项活动的情况。在一定范围内对所有调查对象都进行调查，这虽然能全面反映客流动态，但是因受调查力量等条件限制，实际应用较少。通常在抽样调查的基础上，按照数理统计方法作数据处理，取得资料。

（7）间接调查。城市客流随着国民经济的发展而增长，城市建设的发展会影响居民的出行次数和距离。因此，应定期从有关部门了解、收集国民经济和城市建设的资料，以便及时掌握客流的变化趋势。

（8）直接调查。直接调查就是进行出行调查、月票调查和单位调查。居民的出行活动是构成客流的基础，月票乘客是城市公共交通的一种基本乘客。广大企业事业单位的上下班时间是影响客流的基本因素。直接调查的内容一般均按调查目的，设计专用表格。

3. 客流调查的常用方法

客流调查方法包括问询法、观测法、填表法、凭证法和计票法等。客流调查，一般都需要积累比较长期的资料来进行分析，选择哪种调查方法合适，需要在熟悉各种方法的基础上，结合分析的要求。选择调查方法时，应注意以下两点：一是要尽可能以最少的劳动消耗和时间消耗,取得能够满足需要精度的资料;二是尽可能以最简便的方法,得到被调查者的配合,保证所需资料的及时性和可靠性。问询法和观测法是公交企业经常采用的两种调查方法。问询调查法,按照调查地点的不同,有驻站问询法和随车问询法。

（1）驻站问询法。这是指派专人在调查站点内通过询问来调查乘客在线路上的起讫点及客流其他情况的方法。驻站问询调查的记录表可以参考表1-4。这种方法适合于了解线路某个段或某几个站点客流资料的情况。

表1-4 驻站问询调查样表

路别：　　　　行向：　　　　驻站站名：　　　　日期：　　　　调查员：

时分	×站	×站	×站	…	漏查人数	备注

（2）随车问询法。这是指派专人在车上,沿线询问调查乘客在线路上的起讫点及客流其他情况的方法,也称为跟车问询法。随车问询调查的记录表可以参考表1-5。若了解全线路客流去向情况,通常采用这种方法。

随车客流调查方案设计

表1-5 随车问询调查样表

路别：　　　车号：　　　行向：　　　日期：　　　调查员：

时间段	上车站名	下车站名	备注

（3）高断面观测法。高断面观测法是指派专人在旅客流量比较多的路段,选取一个合适断面,观测通过该断面的车辆的车内人数,以得到该路段的乘客通过量等客流情况的方法。高断面观测调查表可以参考表1-6。通过高断面观测,可以了解全日各段时间客流量变化的程度,评价高低峰时间配车是否合理,以作为配车或增减车辆的依据。

表 1-6　高断面观测调查样表

断面位置：　　　线路：　　　行向：　　　日期：　　　调查员：

车号	达到时间	车内人数	留站人数	备注

（4）随车观测法。这种方法是在线路上的运行车辆中派专人记录沿途各站上下车乘客的数量以及留站人数。随车观测的调查车辆数量，可以每车调查，也可以抽取其中部分车辆进行调查。调查表格参见表 1-7。

表 1-7　随车观测调查样表

路别：　　　行向：　　　发车时间：　　　车号：　　　日期：　　　调查员：

站名	到站时间	上车人数	下车人数	留站人数	备注

（5）驻站观测法。驻站观测是指在规定时间内派遣人员分驻各个调查点记录上下车人数、留车人数和留站人数的调查方法（表 1-8）。按清点留车人数的观测方法的不同，一般又可以分为两种：一种是直接点录乘客实数，而另一种是估计车厢内载客的满载率程度。这两种方法在实际生活中都可以应用。

表 1-8　驻站观测调查表

驻站站名：　　　路别：　　　行向：　　　日期：　　　调查员：

车号	到站时间	离站时车内人数	上车人数	下车人数	留站人数	备注

4. 问询调查数据汇总

将驻站或随车问询调查得到的资料按分组时间汇总后，填入"乘客方向数量汇总表"（表 1-9）中。每组时间一张表，以站点对角线（从左上角至右下角方向）作为基准，上行方向沿线各站的资料列入左下方的直角三角形

客流数据计算

表内,下行方向各站的资料列入右上方直角三角形表内,这样,上下行两个方向的两个三角形表就构成了一个方形的乘客方向数量汇总表,又称为乘客方向数量三角检验表。

在三角检验表内格子中的每个数值为乘客方向数量,即客向量,其含义是:乘客从一站上车运行到另一站下车的数量,计量单位为人次。客流向量不仅能表示客流的数量,同时也反映出客流的流动地段,故又可称为流向量。客向量是一个重要的度量标准,从拟订线路规划、组织线路运行,到现场行车调度,都需要有足够的客向量资料,才能使调度工作达到应有的效果。

表 1–9　问询调查的乘客方向数量汇总表

通过量	下行上行		10	60	60	40	210	630	280	1 290	5 730
140		①	10	20	20	10	80	320	70	530	530
	5	5	②	40	20	10	60	160	60	350	
450											870
	15	10	5	③	20	10	40	80	50	200	
540											1 010
	30	15	10	5	④	10	20	40	40	110	
530											1 060
	55	20	20	10	5	⑤	10	20	30	60	
505											1 080
	100	25	40	20	5	10	⑥	10	20	30	
435											900
	175	30	80	30	5	10	20	⑦	10	10	
265											280
	265	35	160	40	5	10	10	5	⑧		
2 865	645	140	315	105	20	30	30	5		下行上行	通过量

（1）各站上车量的计算。把三角形表的客向量按纵向相加即得到相应停靠站的上车量，其计算公式如下：

$$A_{\text{上}i} = \sum_{j=1}^{n} Q_{ij}$$

$A_{\text{上}i}$——i站的单向上车量；

Q_{ij}——从i站到j站的客向量。

（2）各站下车量的计算。按横向相加得到下车量，其计算公式如下：

$$A_{\text{下}j} = \sum_{i=1}^{n} Q_{ij}$$

$A_{\text{下}j}$——j站的单向下车量；

Q_{ij}——从i站到j站的客向量。

各站的上车量和下车量应该相等。如果不等，就有可能是计算有误，也有可能是由调查误差引起的，需要修正。不管是上车量还是下车量，其数值都是旅客运量，或者说是乘客乘车的总次数。旅客运量是运营部门制定线路网规划及远景规划和编制运营计划的重要依据之一。

（3）通过量的计算。根据通过量的定义，可以按照下式计算旅客的通过量：

$$R_n = R_{n-1} + A_{\text{上}n} - A_{\text{下}n}$$

R_n——本站段旅客通过量；

R_{n-1}——前一站段旅客通过量；

$A_{\text{上}n}$——相应停靠站的上车量；

$A_{\text{下}n}$——相应停靠站的下车量。

旅客通过量表示某站段的乘客流动程度，在运营组织中有较大的实用意义，是设计行车组织方案，解决行车现场问题不可缺少的依据之一。

交通调查
数据透视表
的基本用法

由上可知，问询调查法汇集了线路客流的乘客分布情况，是调查线路运营实际情况的好方法，为确定线路的行车组织形式、车辆调度方法以及车辆配备等提供了乘客数量和方向的数值依据。

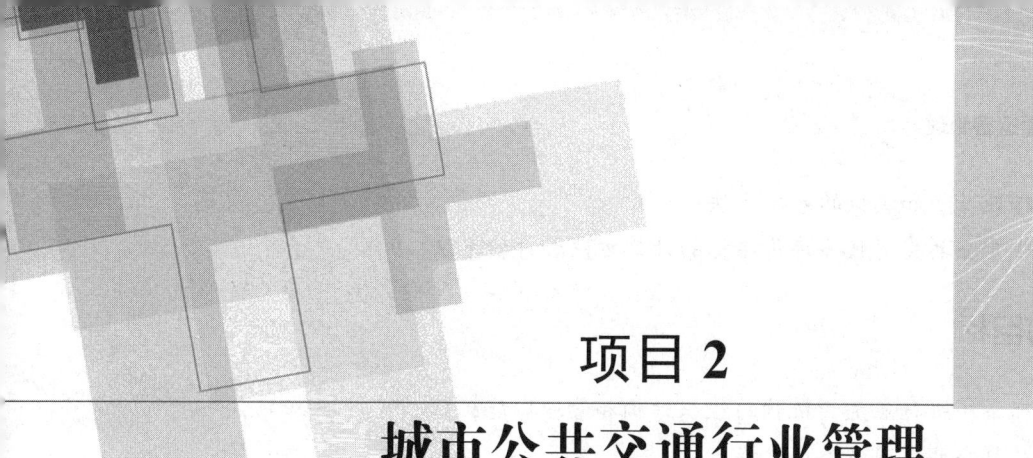

项目 2
城市公共交通行业管理

 项目介绍

公共交通是城市重要的基础设施之一，是关系国计民生的社会公益设施，与城市经济发展和市民生活质量紧密相连。它不仅满足城市居民出行的需要，从某种意义上讲，对合理发挥城市功能也可以起到一定的引导和组织作用。因此对城市公共交通进行有效的管理是人们生活正常进行，社会经济正常运转的保证。城市公共交通系统中的公共汽车、出租汽车、轨道交通、水上公共交通等各种交通方式既有相对独立性又有相互依赖性，是一个不可分割的整体。这些交通工具的发展受到城市规模、道路条件、出行方式、经济发展水平等因素的影响。因此，政府必须对城市公共交通实行行业监管，并进行调控，以优化城市公共交通资源的合理配置，包括优化公交线网结构、协调多种交通方式之间的相互衔接和配套等，最大限度地发挥公交资源优势。

城市公共交通系统可分为两个子系统，一个是公共交通运输工具和设施，另一个是公共交通规划与运营管理。城市公共交通系统行业管理，就是通过一系列的交通规划、交通设施控制和疏导交通流量，使公共交通出行流量在时间上分布趋于均匀，在空间上分布趋于均匀，有效地避开交通阻塞时刻及阻塞地段，提高公共交通网络运输效率，缓解城市交通压力。对城市公共交通行业进行集中统一管理，有利于实现统一行业政策、统一管理标准、统一执法尺度，从而为公共交通行业的健康稳定发展提供良好的环境；有利于维护各利益主体合法权益，规范公共交通运营秩序，保证城市公共交通系统运营质量。

 知识目标

1. 了解公共交通行业管理的基础概念；
2. 了解行业管理机构及其管理监督职能。

3. 掌握行业监管和调控的基本方法；
4. 掌握城市公共交通服务评价指标的计算方法和评价方法。

能力目标

1. 能够列举市级行业主管机构的组织结构和管理职能；
2. 能够计算公共交通服务评价指标；
3. 能够完成公共交通服务水平的评价。

素质目标

1. 培养认真调查、科学分析、果断研判、勇敢决策、坚决执行的素养；
2. 形成良好的逻辑思维能力、口头和文字表达能力，有效地传递信息；
3. 培养能够综合运用岗位能力分析与解决实际问题的能力。

任务 2.1　城市公共交通行业管理职能基础认知

城市公共交通行业管理职能基础认知

2.1.1　拟完成的任务

各地方人民政府交通主管部门是城市公共交通行业管理的职能机构，在市/直辖市区域主要设置交通运输管理局，但是机构改革一直在进行中，故也有个别地市的交通主管部门名称有差异。查阅你自己家乡城市（或县）交通主管部门是哪一个机构，根据其部门机构设置和职能权属，绘制组织结构图，并概括各部门的主要管理职能。

2.1.2　任务目的

（1）了解城市公共交通管理机构及职能；
（2）掌握专业课程各个模块学习的主要管理目的和要求；
（3）能够绘制组织结构图，要求布局合理，要点精当，重点突出，简明扼要；
（4）培养听党话、跟党走的四有新人，紧跟交通主管部门的管理要求，锤炼品德。

2.1.3　相关配套知识

2.1.3.1　城市公共交通管理机构及职能

按照国家现行的管理体制，涉及城市公共交通管理的机构主要有行业管

城市公共交通运营管理的作用

理机构、综合管理部门、行业协会。行业管理机构也称行业归口管理机构，是按照各城市政府对其属下有关职能部门的分工，授权对公共交通客运实施管理的行业管理机构。目前我国部分城市的公共交通行业管理，由地方人民政府明确授权给交通运输管理部门，其他部分城市由城市政府明确授权给建设管理部门。但无论哪个部门作为行业主管部门，管理的职能和职责要求是一致的，即统筹规划、综合平衡、法规制定、政策研究、指导监督及协调服务。

综合管理部门是政府相关管理部门对公共交通行业实施监督管理的横向组织。目前与城市公共交通有关的国家行政管理机构包括以下部门。

1. 交通运输部

（1）负责推进综合交通运输体系建设，统筹规划铁路、公路、水路、民航以及邮政行业发展，建立与综合交通运输体系相适应的制度体制机制，优化交通运输主要通道和重要枢纽节点布局，促进各种交通运输方式融合。

（2）负责组织拟订综合交通运输发展战略和政策，组织编制综合交通运输体系规划，拟订铁路、公路、水路发展战略、政策和规划，统筹衔接平衡铁路、公路、水路、民航等规划，指导综合交通运输枢纽规划和管理。

（3）负责组织起草综合交通运输法律法规草案，统筹铁路、公路、水路、民航、邮政相关法律法规草案的起草工作。

（4）负责拟订综合交通运输标准，协调衔接各种交通运输方式标准。

（5）负责提出铁路、公路、水路固定资产投资规模和方向、国家财政性资金安排意见，按国务院规定权限审批、核准国家规划内和年度计划规模内固定资产投资项目，参与铁路投融资体制改革和有关政策拟订工作。

（6）牵头组织编制国家重大海上溢油应急处置预案并组织实施，承担组织、协调、指挥重大海上溢油应急处置等有关工作。负责船员管理和防抗海盗有关工作。

（7）负责国家公路网运行监测和应急处置协调工作，承担综合交通运输统计工作，监测分析交通运输运行情况，发布有关信息。

（8）拟订经营性机动车营运安全标准，指导营运车辆综合性能检测管理，参与机动车报废政策、标准制定工作。

（9）承担公路、水路国家重点基本建设项目的绩效监督和管理工作。统筹协调交通运输国际合作与交流有关事项。

（10）管理国家铁路局、中国民用航空局、国家邮政局，并按有关规定管理国家铁路局、中国民用航空局、国家邮政局机关党的工作。

2. 交通运输部综合规划司

（1）负责组织拟订综合交通运输发展战略和政策，组织编制综合交通运输体系规划；

（2）负责拟订铁路、公路、水路发展战略、政策和规划，统筹衔接平衡铁路、公路、水路、民航等规划，指导综合交通运输枢纽规划；

（3）负责有关规划和建设项目的审核工作；

（4）负责参与拟订物流业发展战略和规划，提出有关政策和标准；

（5）负责提出铁路、公路、水路固定资产投资规模和方向、国家财政性资金安排意见并监督实施，按国务院规定权限审批、核准国家规划内和年度计划规模内固定资产投资项目；

（6）负责组织编制港口规划和岸线使用审查工作；

（7）负责有关环境保护、利用外资工作；

（8）负责综合交通运输统计工作，包括监测分析交通运输运行情况，发布有关信息等工作。

3. 交通运输部运输服务司

（1）负责拟订综合交通运输基本公共服务标准并监督实施，承担协调与衔接工作；

（2）负责指导综合交通运输枢纽的管理；负责指导城乡客运及有关设施的规划、运营管理工作；

（3）负责城乡道路运输市场监管，负责运输线路、营运车辆、枢纽、运输场站等管理工作；

（4）负责指导城市客运管理，拟订相关政策、制度和标准并监督实施；

（5）负责指导公共汽车、城市地铁和轨道交通运营、出租汽车、汽车租赁等工作；

（6）负责拟订经营性机动车营运安全标准，指导车辆维修、营运车辆综合性能检测管理，参与机动车报废政策、标准制定工作；

（7）负责机动车驾驶员培训机构和驾驶员培训管理工作；

（8）负责跨省客运、汽车出入境运输管理，并按规定负责物流市场有关管理工作；

（9）负责组织协调国家重点物资运输和紧急客货道路运输；

（10）负责起草有关道路运输安全生产政策和应急预案，并组织实施应急处置工作；

（11）指导有关道路运输企业开展安全生产监督管理工作。

4. 广东省交通运输厅

（1）贯彻执行国家和省有关交通运输工作的方针政策和法律法规，起草有关地方性法规、规章草案和政策措施并监督实施，组织拟订公路、水路、地方铁路行业发展规划，参与拟订物流业发展战略和规划，指导公路、水路行业有关体制改革工作。

（2）负责涉及综合运输体系的规划协调工作。会同有关部门组织编制综合运输体系规划，指导、协调交通运输枢纽规划和管理。

（3）承担道路、水路运输市场监管责任。负责组织制定道路、水路运输的相关政策、准入制度、技术标准和运营规范并监督实施。此外，还负责指导城乡客运及有关设施规划和管理工作，指导出租汽车行业管理工作，并负责路政、运政和港口管理，负责水路运输、水路运输服务、外轮理货、船舶代理、引航、航道、港口及港航设施建设使用岸线布局的行业管理工作。

（4）负责政府拨款的公路建设资金的监督和管理，协调或参与交通建设资金的筹集，负责厅管交通资金的拨付和监管，会同有关部门拟订公路、水路有关规费政策并监督实施，负责收费公路管理及公路联网收费的组织协调和监管工作。

（5）承担公路、水路、地方铁路建设市场监管责任。组织协调公路、水路、地方铁路有关重点工程建设和工程质量、安全生产及造价的监督管理工作，指导交通运输基础设施管理和维护，承担有关重要设施的管理和维护任务。

（6）指导公路、水路行业安全生产和应急管理工作，组织实施重点物资和紧急客货运输，负责全省高速公路及重点干线路网运行监测和协调，参与公路、水路有关交通战备工作。

（7）制定交通行业科技政策，组织重大交通科技项目攻关，指导交通运输信息化建设。指导、监督交通行业技术标准和规范的实施，指导公路、水路行业的环境保护和节能减排工作。

（8）组织、协调和参与管理公路、水路交通行业利用外资工作，开展对外交流与合作工作。

（9）承办省人民政府和交通运输部交办的其他事项。

2.1.3.2 "一城一交"综合大交通行政管理体系——北京交通委员会

"一城一交"综合大交通行政管理体系，就是组建交通委员会作为市政府组成部门，统一负责协调全市的公路、水路、铁路、航空和邮电等多种交通运输方式的行政管理，实施从规划、建设到运营的全方位管理新模式。市交通委员会是市政府组成部门，负责交通运输规划、道路（城市道路和公路）和水路运输、城市公共交通、出租汽车的行业管理，并负责对城市内的铁路、民航等其他交通方式的综合协调。市公安部门与交通部门分别负责城市道路交通安全管理与控制工作。这一模式实现了道路运输管理的一体化。这种管理机制将城市公共汽车、客运出租汽车、客运汽车租赁、城市水上公共交通、轨道交通等从事经营性的各类公共客运交通进行统一管理。这一变化的实质在于完成了由比较单一性的公共交通管理形式向综合性公共交通管理形式的转变，实现了对各类公共交通更广泛领域的统筹规划、协调发展。

1. 北京市交通委员会机构职能

（1）贯彻落实国家关于交通运输方面的法律法规、规章和政策，起草本市相关地方性法规草案、政府规章草案和政策措施，并组织实施。拟订交通运输发展战略，对交通运输行业改革与发展中的重大问题进行调查研究，并提出对策建议。

（2）组织编制本市交通基础设施建设和交通运输行业的中长期发展规划。参与编制综合交通规划、交通专项规划、城市轨道交通建设规划及相关规划实施的评估工作。负责大型城建项目交通影响评价的审核工作。负责市管道路建设项目规划设计方案中交通内容的审查。参与市级交通基础设施建设项目初步设计的审查。统筹推进重大交通基础设施建设，会同相关部门建立交通基础设施建设项目库。

（3）组织编制市级交通基础设施建设项目前期工作计划和年度建设计划。组织编制交通基础设施维修养护以及交通运输行业年度计划，并组织实施和监督管理。负责提出交通基础设施建设和维修养护方面的财政性资金安排意见。参与交通发展建设投融资政策的研究和实施。负责城市轨道交通和其他公共交通特许经营项目的具体实施和监督管理工作。提出交通运输行业收费政策及标准的建议。

（4）负责推进区域交通一体化协同发展。负责本行政区域内铁路、民航和邮政等综合运输的协调工作。组织拟订各类重点交通运输服务保障方案，并监督实施。参与编制现代物流业发展战略和规划，并提出有关政策和标准建议。

（5）负责本市交通基础设施的监督管理和交通运输业的行业管理，拟订有关政策和标准。负责公路建设市场和道路、水路运输市场监督管理，协调推进交通运输产业发展。负责交通运输行业的行政许可和信用体系建设工作。指导交通运输行业进行节能减排工作。

（6）负责本市交通基础设施和交通运输行业安全生产的监督管理。负责交通运输安全应急方面的组织协调，协助有关部门调查处理交通运输行业重大安全事故。负责重大突发事件中的运输组织和交通设施保障工作。负责铁路监护道口的安全管理工作。承担北京市交通安全应急指挥部的具体工作。

（7）负责组织协调本市交通综合治理工作。负责统筹停车管理工作，并负责互联网租赁自行车的行业管理。

（8）负责本市地方海事工作。

（9）制定本市交通运输科技和智能交通发展规划、年度计划、政策。组织指导交通运输信息化建设，推动智能交通系统建设。组织指导重大交通科技项目的立项、研究、开发以及成果推广、应用工作。

（10）负责本市交通运输行业的宣传教育工作，组织开展交通运输行业精神文明建设工作。负责交通运输行业的对外交流与合作。

（11）指导本市交通运输综合执法工作。

（12）指导、协调和监督各区的交通运输工作。

（13）承担北京市国防动员委员会交通战备办公室的工作。

（14）完成市委、市政府交办的其他任务。

2. 北京市交通运输综合执法总队

（1）北京市交通运输综合执法总队，是市交通委管理的副局级行政执法机构。主要职责如下。

（2）负责集中行使法律、法规、规章规定应由省级交通主管部门行使的行政处罚权以及与之相关的行政检查权、行政强制权。

（3）负责相关领域重大疑难复杂案件和跨区域案件的侦查工作。

（4）负责全市县级以上公路路政及相应工程质量监督管理方面的行政执法工作。

（5）负责全市轨道交通行政执法工作。

（6）负责东城区、西城区、朝阳区、海淀区、丰台区、石景山区的市管城市道路行政及相应工程质量监督管理、道路运政、水路运政、地方海事行政、渔船检验监督管理等方面的行政执法工作。

（7）负责监督指导、统筹协调各区交通运输综合执法工作。

（8）完成市委、市政府和市交通委交办的其他任务。

3. 北京交通委员会内设机构

北京交通委员会内设机构主要有办公室、法制处、研究室、综合规划处、发展计划处、行业监督处（行政审批服务处）、安全监督与应急处、宣传处科技处、交通综合治理处、协同发展处、综合运输处、绿色交通发展处（北京市机动车调控管理办公室）、静态交通管理处、交通战备处、路政综合协调处（铁路道口管理办公室）、工程协调与市场监管处、工程设计处、城市道路建设处、公路建设处、城市道路管理处、公路管理处、治超工作处（农村交通办公室）、客运综合协调处、公共交通设施设备管理处、地面公交运营管理处、轨道交通运营管理处、出租（租赁）汽车管理处、道路客运管理处、货物运输管理处、水路运输管理处（北京市地方海事局）、机动车维修管理处、驾驶员培训管理处、财务处（审计处）、人事处、机关党委（党建工作处）、机关纪委、工会、离退休干部处等部门。

4. 北京交通委员会派出机构

北京市交通委员会东城运输管理分局、北京市交通委员会西城运输管理分局、北京市交通委员会朝阳运输管理分局、北京市交通委员会海淀运输管理分局、北京市交通委员会丰台运输管理分局、北京市交通委员会石景山运输管理分局、北京市交通委员会门头沟公路分局、北京市交通委员会房山公路分局、北京市交通委员会通州公路分局、北京市交通委员会顺义公路分局、北京市交通委员会昌平公路分局、北京市交通委员会大兴公路分局、北京市交通委员会平谷公路分局、北京市交通委员会怀柔公路分局、北京市交通委员会密云公路分局、北京市交通委员会延庆公路分局。

5. 北京交通委员会直属单位

北京市交通综合治理事务中心、北京市交通委员会政务服务中心（北京市船舶检验所）、北京市交通运输职业资格事务中心、北京市智慧交通发展中心（北京市机动车调控管理事务中心）、北京市交通运行监测调度中心、北京市交通委员会安全应急事务中心、北京市交通基础设施建设项目管理中心、北京市城市道路养护管理中心、北京市公路事业发展中心（北京市高速公路联网收费结算中心）、北京市运输事业发展中心、北京市邮政业安全运行监测中心、北京市交通委员会综合事务中心、北京交通运输职业学院、北京市轨道交通指挥中心。

任务 2.2　城市公共交通基础设施认知

城市公共交通基础设施认知

2.2.1　拟完成的任务

城市公共交通基础设施是整个城市公共交通出行服务的载体，随着人们多种交通方式联程出行需求的增加，各大城市都在积极更新建设城市综合交通基础设施，其中尤以综合交通枢纽建设最为突出，如航空港交通枢纽、轨道交通枢纽及城市客运交通枢纽等成为大力实施交通强国战略的抓手。选择以某个城市新建综合交通枢纽为例，绘制智慧交通发展背景下综合交通枢纽设施分类及构成图，并思考可以普及哪些人性化创新设施设备。

2.2.2　任务目的

（1）了解城市公共交通基础设施及功能；
（2）能分析综合交通枢纽各基础设施及出行需求；
（3）培养以人为本的交通发展理念，以服务创新为着力点提升公共交通服务水平。

2.2.3　相关配套知识

2.2.3.1　城市公共交通基础设施认知

公共交通基础设施分类

基础设施是城市公共交通系统的重要组成部分，是公共交通正常运营的基本依托。城市公共交通基础设施主要包括轨道交通、公共交通换乘枢纽、公共交通场站（含首末站、中途站、停车场、保养场）及其配套设施、公交专用车道及其配套设施以及公共交通信息化管理与服务设施等。

1. 公共交通换乘枢纽

公共交通换乘枢纽是指有多条公共交通线路汇集、与其他交通方式衔接的乘客换乘场所。《城市公共交通枢纽设计标准》（GB/T 51402—2021）中对枢纽的定义为：在城市客运交通系统中，包含城市对外交通方式或两种以上公共交通方式或一种公共交通方式多条线路的客流集散换乘场所。一般包含城市对外综合公共交通枢纽和城市内部综合公共交通枢纽。交通运输部行业标准《综合客运枢纽术语》（JT/T 1065—2016）中对综合客运枢纽的定义为：将两种及以上对外运输方式与城市交通的客流转换场所在同一空间（或区域）内集中布设，实现设施设备、运输组织、公共信息等有效衔接的客运基础设施。《综合客运枢纽智能化系统技术要求》（DB11/T 886—2012）中对枢纽的定义为以公共汽电车、轨道交通及长途客运为主，衔接两种以上（含两种）客运方式，具有运输组织、中转换乘、多方式联运等服务基本功能的场所。国内学者对于公共交通枢纽也多有定义，比较有代表性的认识是：综合公共交通枢纽是在一个国家或者地区的综合运输网络中，同时承担几种运输方式的节点，是交通运输的生产组织基地和综合交通运输网络中客货集散、转运及过境的场所，具有运输组织与管理、中转换乘换装、装备储存、多式联运、信息流通和辅助服务。

城市公共交通换乘枢纽是城市交通系统的重要组成部分，对提高城市交通系统整体运营效率、衔接城市对外及市内交通、优化调整公共交通线网布局、引导客流走向、方便乘客换乘以及带动区域土地开发等都具有重要作用。城市公共交通枢纽主要包括两种类型：第一种是不同城市公共交通方式之间的换乘枢纽，例如常规公共交通与轨道交通，常规公共交通不同线路；第二种是广义不同交通方式之间的换乘枢纽，例如不同公共交通方式与公路、铁路和民航之间形成的综合客运枢纽。从土地利用与城市交通的有效整合角度出发，公共交通枢纽网络布局模式可概括为"枢纽分级、线路分类、服务分区"。

1）公共交通枢纽的分级

根据公共交通枢纽所处的区位特征、具备的服务功能及客流特征，首先将公共交通枢纽划分为三个等级：一级、二级及三级。接下来，选择不同级别和功能的公共交通枢纽作为网络轴心，每个轴心枢纽有其各自的服务辐射范围。

一级为整个网络的结构性重要枢纽，具有统领各级枢纽发展的核心作用，处于线网中枢地位，其服务影响范围覆盖整个市域。

二级是一级枢纽的接驳枢纽，主要服务于城市地区级客流发生吸引源，起到连接卫星城、城市新开发区与市区的作用。

三级枢纽是一级、二级公共交通枢纽的客流来源点，主要提供某一区域客流的集散与中转换乘服务，以进一步扩展公共交通系统的服务覆盖范围。

2）公共交通枢纽的系统特性

公共交通枢纽是一个由多个相关要素组成的具有特定功能的系统，其系统特性主要表现在以下三个方面：

（1）功能和目标的一致性。客运公共交通枢纽由多种交通方式、多种运输设备组成。每种交通方式在公共交通枢纽中具有不尽相同的功能和作用。但是，作为一个统一的整体，公共交通枢纽系统具有统一的功能和目标，即完成枢纽内乘客运输的全过程，确保客流输送过程的连续性。

（2）构成和结构的复杂性。公共交通枢纽由多种交通方式、多条运输线路组成，每种交通方式又由多种相关设备按规定的布局和技术要求统一配置而成。为实现各种运输方式之间以及各种运输设备之间的相互协调，形成了系统构成和结构的复杂性。

（3）与外部环境联系的紧密性。公共交通枢纽本身具有复杂的结构以及特定的功能作用，同时作为城市公共交通系统的"点"子系统、与城市公共交通大系统之间关系密切，是整个城市公共交通系统的重要组成部分。此外，公共交通枢纽与其所在城市或地区间也具有十分密切而又复杂的关系。

城市公共交通枢纽的这些系统特性表明，要对城市公共交通枢纽进行合理的规划与设计首先需要从功能特点等方面对枢纽对象进行类型与等级划分，并进一步开展系统化的枢纽规划选址、功能布局、设施设计、客流组织和方案评价等工作研究。

3）公共交通枢纽的功能特点

城市公共交通枢纽随着从传统的各交通系统平面布局逐渐转换成立体布局，其表现形式已经不再是传统的站房单体建筑那么简单，而是成为提供交通出行与换乘服务，甚至集成商业、建设开发的大型空间综合体。公共交通枢纽的功能也从传统的单一交通功能向综合服务功能转变，具体体现在以下三个方面。

（1）交通功能。枢纽设施最基本的功能是实现不同交通方式的衔接与转换，同时服务于客流、交通工具这两种要素在枢纽内集结并发生换乘关系，在此过程中，公共交通枢纽为客流提供换乘过程中连贯、舒适的服务，具体表现为引导、集散、信息服务及停车服务功能。

① 引导功能。枢纽的引导功能主要是通过管理、引导和截流外来车流，以引导个体交通转向公共交通，保证公共交通方式的合理分工，并促使整个城市的交通格局向多层次方向发展。

② 集散功能。枢纽的集散功能主要是按照一定的组织措施实现到发乘客和车辆的有序聚集汇合和疏散分流，并利用换乘设施、设备为乘客提供不同交通方式或不同线路之间的换乘服务，确保乘客安全出行和车辆顺畅通过。

③ 信息服务。功能通过信息传递与设备交换，实现枢纽内各种交通方式之间的信息互通、资源共享，使各种营运信息在交通管理部门、换乘乘客之间实现迅速、及时、准确的传递和交换。

④ 停车服务功能。对于来自不同方向和路线的车辆，枢纽提供特定停车区域，按照不同的车辆性质进行不同停车区域的合理分配，并配置适当规模的停车配套设施。

（2）社会功能。公共交通枢纽客流汇集，蕴含潜在的商机，往往能够形成较强的区域经济活力，促进其周边区域经济的增长，带动地区土地开发，成为区域经济的增长点。大型公共交通枢纽，因其周边用地高密度开发，将逐步发展成为区域中心，缓解城市中心区的高集聚压力，使城市空间布局朝着可持续的多中心结构方向发展。

（3）环境功能。借鉴城市设计的各种手法，枢纽可创造人性化的空间，使其与周边的自然环境、生态环境和社会环境相协调，满足文化和审美要求。

2. 公共交通场站

公共交通场站是指为乘客提供上下车、候车、换乘等服务，并作为车辆停放、运行调度、管理维护等活动的场所和空间。城市公共交通场站包含各种公共交通方式的场站，具有供车辆乘等功能，主要包括公共交通首末站、中途停靠站、保养场、停车场、维修厂、公共加油站、加气站及充换电站、公共交通配套设施、信息系统。公共交通场站的功能涵盖了上下客、换乘、便民调度、停车、维修保养和管理等多个方面。

（1）首末站。公共交通首末站的主要功能是为线路上的公共交通车辆在开始和结束运营、等候调度以及下班后提供合理的停放场所。它既是公共交通站点的一部分，也可以兼具车辆停放和小规模保养的用途。公共交通首末站的设置应与城市道路网的建设及发展相协调，并选择在紧靠客流集散点和道路客流主要方向的位置。公共交通首末站的选址宜靠近人口比较集中、客流集散量较大而且周围留有一定空地的位置，如居住区、火车站、码头、公园、文化体育中心等，使大部分乘客处在以该站点为中心的服务半径范围内（通常为 350 m），最大距离不超过 700~800 m。首末站的规模应按所服务的公共交通线路所配运营车辆的总数来确定。一般情况下，配车总数（折算为标准车）大于 50 辆的站点为大型站点，26~50 辆的站点为中型站点；小于 26 辆的站点为小型站点。公共交通首末站是车辆掉头之处，要有可供回车的地方，并应设在城市道路之外的用地上。与公共交通首末站相连的出入口应设置在道路使用面积较为富余、服务水平良好的道路上，尽量避免接近平面交叉口，必要时出入口可设置信号控制，以减少对周边道路交通的干扰。

公共交通首末站的设置应根据综合交通体系的道路网系统和用地布局，并应按下列原则确定：公共交通首末站应选择在紧靠客流集散点和道路客流主要方向的同侧，应临近城市公共客运交通走廊，且应便于与其他客运交通方式换乘，宜设置在居住区、商业区或文体中心等主要客流集散点附近，在火车站、客运码头、长途客运站、大型商业区、分区中心、公园、体育馆、剧院等活动集聚地多种交通方式的衔接点上，长途客运站、火车站、客运码头主要出入口 100 m 范围内应设公共交通首末站，3 万人以上的居住区应设置公共交通首末站。

（2）中途停靠站。中途停靠站是指在公共交通车辆运行的道路上，按照运营站位置设置的车辆停靠设施。中途停靠站应设置在公共交通线路沿途所经过的各主要客流集散点上，应沿街布置，站址宜选在能按要求完成车辆的停和行的两项任务的地方。中途停靠站主要解决两个问题，一是能停，以便乘客上下车；二是能通，以便车辆载客通过。因此，站址选择的核心问题是站点的通行能力。交叉口附近设置中途停靠站点时，一般设在交叉口 50 m 以外处，在大城市车辆较多的主干道上，宜设在 100 m 以外处。较长的车站间距可提高公共交通车辆的平均运营速率，并减少乘客因停车造成的不适，但乘客从出行起点（终点）到上（下）车站的步行距离增大，并给换乘出行带来不便；站间距缩短则反之。最优站间距规划的目标是使所有乘客的"门到门"出行时间最小。中途站点的站距受到乘客出行需求、公共交通车辆的运营管理、道路系统、交叉口间距和安全等多种因素的影响，应合理选择，平均站距为 500～600 m，市中心区站距宜选择下限值，城市边缘地区和郊区的站距宜选择上限值；百万人口以上的特大城市，站距可大于上限值。

（3）保养场。保养场是在区域性线路网的中心处设置的进行运营车辆各级保养及相应的配件加工、修理和修车材料储存、发放的场所。保养场主要承担车辆的高级保养和检修任务及相应的配件加工、材料和燃料的储存、分发等工作，是用来保证公共交通车辆高效、安全运行的。在近期内，车辆保养工作量与保养维修能力基本平衡。高级保养作业要相对集中，低级保养作业要相对分散，以便能提高保养装备的水平和综合维修能力，又便于及时、就地进行车辆的日常维护和检查，同时还可以节省一次性投资和经营费用。公共交通保养场用地规模主要取决于公共交通车辆的保养率。其规模为公共交通保养场车辆数、公共交通车辆保养率、每标准公共交通车辆对保养场的用地需求与用地规模修正系数的乘积。

（4）停车场。停车场是指供集中停放公共交通车辆的场所。公共交通车场主要包括停车场、保养场和修理厂，一般占地面积都比较大。公共交通车辆车场的布局规划，主要涉及合理规模的确定和场址的正确选择等问题。正确选址的原则，需在车辆行驶里程最小的前提下，综合考虑以下条件：根据城市建设总体规划，公共交通线网规划及保养场、停车场的规模，在市区中间地带提供多个可供选择的场地，以便择优；场址应远离居民生活区，避免公共汽车噪声、尾气污染对居民的直接影响；场址要避开城市主要干线和铁路线，避免与繁忙交通线交叉，以保证车辆保养场、停车场出入口的顺畅。被选地段最好有两条以上的城市道路与其相通，保证在道路阻塞或其他意外事件发生的条件下，能使公共交通车辆进出公共交通场站、完成紧急疏散；被选地块的用地面积要为其后续发展留有余地，同时又不至于形成对附近街区未来发展的影响。

停车场是为线路运营车辆下班后提供合理停放空间的必要设施，并按规定对车辆进行低级保养和重点小修作业，是公共交通车场中用地需求最大的。公共交通停车场主要是为公共交通车辆提供夜间停车服务，其规模为公共交通停车场服务线路运营车辆数、停放在公共交通停车场中的比例、每标准公共交通车辆对停车场的用地需求与用地规模修正系数的乘积。

（5）维修厂。公共交通维修厂主要是指为公共交通营运车辆进行大中修维护的场所。用地规模主要取决于公共交通运营车辆数、公共交通车辆平均故障率、每标准公共交通车辆对维修厂的用地需求及大中修间隔年限等相关因素。修理厂的规划用地按所承担修理车辆数计算，宜按 250 m²/标准车设计。修理厂应该建在距离城市各分区位置适中，交通方便，同时不面临交通流量较大的主干道，周围有一定发展余地的市区边缘。

（6）公共加油、加气站及充换电站。公共交通加油站是指具有储油设施，使用加油机为公共交通运营车辆提供加注汽油等燃油的场所。公共交通加气站是一种具有储气设施，使用加气机为公共交通运营车辆加注车用 LPG、CNG 或 LNG 等车用燃气的场所。公共加油、加气站的服务半径宜为 1~2 km，公共充换电站的服务半径宜为 2.5~4 km。城市土地使用高强度地区、山地城市宜取低值。公共加油站、加气站宜合建，城市中心区宜设置三级加油加气站。

公共交通充电站是为公共交通电动运营车辆提供充电服务的相关电气设备，如低压开关柜、直流充电桩、交流充电桩和电池更换装置等。公共充电站的用地面积应控制在 2 500~5 000 m^2。

公共加油、加气站及充换电站应沿城市主、次干路设置，其出入口距离道路交叉口不宜小于 100 m。每 2 000 辆电动汽车应配备一座公共充电站。公共汽车加油、加气站及充换电站应结合城市公共交通场站综合规划设置。

（7）公共交通配套设施。公共交通配套设施是指保障公共交通车辆正常运营的轨道、停车场（站）、调度、站台、站棚、站牌等各类设施。

（8）信息系统。信息系统是为了提高公共交通系统运行效率而建设的信息化和智能化系统，包括公共交通智能调度系统、乘客服务信息系统、多媒体综合查询系统、公共交通基础设施管理系统、公共交通线路显示系统、电子站牌等智能终端信息网络等。

2.2.3.2 换乘布局设计

公共交通枢纽中，各个交通方式的衔接与转换主要依赖换乘设施。换乘设施不仅起到衔接各种交通方式的作用，而且还要将换乘客流与其他交通方式有效分离来保证乘客出行的安全，保证枢纽中的换乘客流的连续性、安全性、便捷性与舒适性。同时，现代公共交通客运枢纽已经成为城市的象征性建筑，其设施的配置与设计应结合周边景观设计、城市规划、城市文化等因素考虑，尽量与城市规划以及城市文化的定位互相辉映、融为一体。公共交通枢纽的换乘布局设计首要关注的是乘客在枢纽系统中的移动条件与移动效率。根据乘客在枢纽内的活动需求分析，为出行者在换乘过程中的各种行为提供服务。因此在进行枢纽换乘设施设计时，应首先保证乘客换乘所需的服务能力、便利性和安全性，即尽量保证乘客在枢纽中换乘路线的清晰、简洁和安全。同时枢纽内各种交通设施的衔接设计时应考虑运能的匹配，避免换乘过程的拥堵、停留和等待。

1. 换乘设施布局

（1）布局原则。公共交通枢纽内各种接驳交通方式都有其存在的合理性，要组织好换乘交通，保证各交通设施间的衔接协调，必须遵循以下原则。

① 保证换乘过程的连续性。乘客完成各交通方式间的搭乘转换，应是一个完整连续的过程。换乘的连续性是枢纽换乘交通最基本的要求和条件。公共交通枢纽的位置应为乘客换乘提供方便的交通工具及换乘线路，这样才能保证出行连续、减少延误。

② 客运设备的适应性。应保证各交通方式的客运设备，包括各种交通工具的数量与客运交通枢纽中的站屋、台、广场、人行通道、乘降设备、停车设施等的运输能力相互适应和匹配。

③ 客流运转的通畅性。应该尽可能使乘客均匀分布在换乘过程的每个环节上，不应在任一环节滞留、集聚，确保换乘过程的紧凑和通畅。

④ 提高换乘的舒适性和安全性。换乘过程的舒适性和安全性不仅对乘客个人的生理、心理产生影响，同时也可能对社会产生意想不到的影响。过分拥挤和无安全感会给乘客造成旅途疲劳，增加心理压力，进而影响到乘客的工作、学习和生活等各个方面。

（2）换乘形式。公共交通枢纽换乘设施布局有垂直交叉、斜交、平行交织等多种形式。可分为同站台换乘、节点换乘、站厅换乘、通道换乘、站外换乘、混合换乘等基本形式。

① 同站台换乘。一般适用于两条线路平行交织且采用岛式站台的车站。乘客换乘时，由岛式站台的一侧下车，横过站台到另一侧上车，完成转线换乘，极为方便。双岛站台的结构形式是同站台换乘的基本布局，可以在同一平面上布置，也可以双层立体布置。

② 节点换乘。在两线交叉处，将两线隧道重叠部分的结构做成整体的节点，并采用楼梯将两座车站站台直接连通。乘客可以通过该楼梯进行换乘，换乘高差通常为 5～6 m，十分方便。但要注意上下楼的客流组织。更应避免进出站客流与换乘客流的交叉紊乱。

③ 站厅换乘。设置两线或多线的公用站厅，或相互连通形成统一的换乘大厅，乘客下车后，无论是出站还是换乘，都必须经过站厅，再根据导向标志出站或进入另一个站台继续乘车。

④ 通道换乘。在两线交叉处，车站结构完全脱开，用通道和楼梯将两车站连接起来，供乘客换乘。连接通道一般设于两站站厅之间，也可以直接设置在站台上。对于不相邻的两座车站，通道换乘是最佳选择。但换乘通道长度一般不宜超过 100 m，宽度可以根据换乘客流量的需要设计。这种换乘方式最有利于两条线工程分期实施，预留工程最少，换乘通道后期线路位置调节的灵活性大。

⑤ 站外换乘。站外换乘方式是乘客在车站付费后进行换乘，实际上是没有专用换乘设施的换乘方式，往往是无线网规划的后遗症。乘客增加一次进、出站手续，再加上在站外与其他人流交织和步行距离长而显得极不方便。对轨道交通自身而言，这是一种系统性缺陷的反映。因此，在线网规划中应注意尽量避免站外换乘方式。

⑥ 混合换乘。在换乘方式的实际应用中，为了完善换乘条件、方便乘客使用、降低工程造价，往往采用两种或几种换乘方式组合。例如，同站台换乘方式辅以站厅或通道换乘方式，使所有的换乘方向都能换乘；楼梯换乘方式在岛式站台中，必须辅以站厅或通道换乘方式，才能保证换乘能力；站厅换乘方式辅以通道换乘方式，可以减少预留工程量等。

2. 换乘信息需求

公共交通枢纽换乘信息主要通过各种交通标志系统展示，故交通标志设置的合理程度与交通设施功能的发挥、城市居民出行的便利程度以及出行安全息息相关。由于公共交通枢纽内部空间有限，而且基本全封闭，这一特定的环境对交通标志的功能与作用提出了更高要求。通过分析公共交通枢纽乘客出行信息需求，建立乘客出行信息系统框架提高枢纽换乘的便捷性和流畅性。

公共交通乘客出行信息需求可以分为三个层次，分别是出行前信息、出行中信息、个性化信息，如表2-1所示。

表2-1 公共交通乘客出行信息需求

信息需求类型		信息类别	具体内容
出行前信息		票务信息	包括票价、购票地点、检票方式等信息。
		时刻信息	班次时刻表、间隔时间表等
		站点信息	所经站名、路网衔接、主要换乘站点等
出行中信息	车站信息	引导信息	站台布局引导、乘车方向引导、地图引导、警告引导等
		运行信息	包括到离站时刻及站名、位置信息、行程时间等信息
		票务信息	车内拥挤程度、高峰时段信息、是否有座位等
		换乘信息	公交（轨道）线网内换乘信息、多方式换乘信息等
	车内信息	运行信息	包括到离站时刻及站名、运行正点信息、行程时间等信息
		换乘信息	公交（轨道）线网内换乘信息、多方式换乘信息等
		应急信息	出现事故及特殊事件的相关换乘信息等
个性化信息		导览服务信息	前往景点、地标性场所的乘车及换乘信息等
		天气信息	天气状况及预报信息等
		其他信息	新闻信息、休闲娱乐信息等

3. 换乘设施设计

公共交通枢纽换乘设施的配置应该与乘客需求、技术条件、经济指标、枢纽规模相适应，达到一定的标准。同时，应该充分考虑换乘设施的使用效率，实现资源优化配置和经济效益最大化，以确保换乘设施为乘客提供公益性服务的同时最大化地降低成本。公共交通枢纽换乘设施分为场站设施、服务设施、附属设施。

（1）场站设施。公共交通枢纽中的场站设施根据用途可分为公交场站停车场、出租车停靠站、小汽车停车场和自行车停车场。

① 公交车停靠站及停车场。枢纽内的公交车停靠站通常包括公交首末站、过境站。公共交通枢纽中有众多公交线路聚集，线路复杂，部分远程的公交线路首末站设在枢纽内部便于乘客选择适当的线路，减少换乘次数。在设置停车场时，应该合理安排首末站台位置，将客流与车辆有效分离，以确保枢纽换乘的安全性。枢纽内应预留过境公交车停靠站点，原则上与首末站一体化设置，便于乘客换乘，还需便于过境公交车辆进出，降低车辆进出枢纽的延误，减少过境公交车绕行。

② 出租车停靠站。出租车停靠站是指设置在枢纽内为有需要的乘客提供出租车换乘服务的场所，将经过枢纽的出租车辆进行集中引导，避免车流交织的情况出现，使其运行更加安全有序、快速便捷，同时提高枢纽内部行车的安全性，是交通枢纽一个不可或缺的环节。

③ 小汽车停车场。在枢纽内设置小汽车停车场，使绿色交通方式与私家车的换乘得到实现，可满足乘客多元出行的需要，实现一定区域内的低碳交通。

④ 自行车停车场。自行车是较为灵活的交通方式之一，随着交通不断地发展，越来越多的人选择自行车与公共交通方式的转换，尤其是出行位置距离枢纽较近的区域。设置自行车停车场可以满足乘客的自行车出行需求。基于国内自行车数量巨大的现状，公共交通枢纽的规划设计不仅可以改善客运交通结构，还可以吸引自行车流量转向公共交通，有利于目前混合交通的治理。

（2）服务设施。

① 通道。通道是用于连接枢纽内不同功能空间的通行设施，是乘客流线引导的重要方式。按功能分为单向通道和双向通道，按交通形式分为步行通道和自动人行道，按空间的封闭程度分为封闭式通道、半封闭式通道、敞开式通道。

② 站厅。站厅的主要功能是为乘客提供出行信息、安全检查及票务服务，乘客需进入站厅才能通过楼梯或者其他功能空间的设施。站厅内主要有人工服务设施和自动服务设施。人工服务设施具有服务周到、信息交流无障碍、可及时快速发现问题解决问

题等优点。随着数智化的发展，自动服务设施系统因其快速、准确、服务信息多、节约人力成本、适合年轻一代出行者信息需求等特点已成为现代城市客运交通枢纽运营核心子系统之一。

③ 站台。站台是供乘客等待候车、上下车、疏散出站的场所，是一个主要由站台周围建筑空间和空间内的环境设施组成的线性空间。站台的形式与其设计宽度、长度和车站的规模、单位时间乘降的客流等因素有关。

④ 楼梯。楼梯是架设在楼层之间供行人上下的台阶，具有一定坡度、踏步的高度和深度的垂直移动设施，是行人在空间层面实现转换的主要功能设施之一。由于楼梯设施上的行人步行速度与楼梯处的行人流方向，行人流密度以及楼梯台阶高度有关，尤其是楼梯的上行以及下行行人流特性会有较大差异性，因此楼梯又可以分为上行楼梯和下行楼梯，对于双向使用的楼梯可以看作是上行楼梯和下行楼梯的组合形式。由于高程的变化，乘客在楼梯上行走时容易发生危险，特别是在高密度客流情况下。因此，在设计时需要特别注意。

⑤ 自动扶梯。自动扶梯是协助楼梯完成其功能的，方便老人、行动不便者、搬提重物者以及孕妇等弱势乘客出行。

⑥ 电梯和升降机。随着社会基础设施的不断完善，枢纽内也设置了供乘客使用的电梯和升降机，与自动扶梯设置的目的相同，辅助楼梯联系枢纽内各部分设施。

（3）附属设施。

① 信息服务设施。枢纽信息服务设施是指借助声学、电气、光学等现代技术，在通道、站台、售票处、枢纽出入口等乘客经过的地方，通过指示牌（板）、电子显示屏、广播、线路图等各种方式发布枢纽有关运行和交通方式换乘等动静态信息的设施设备。信息服务系统能够使各种信息安全快速地进行传输，使枢纽内的信息系统和枢纽外的信息系统进行衔接，实现信息共享、信息实时分析。信息服务设施包括两部分，一部分为乘客服务，称为公众信息服务系统，公众信息服务系统又分静态信息服务系统和动态信息服务系统，静态信息包括各种导向设施，如设置在车站外部的站牌、出入口导向图、车站周围示意图；车站内部有售票方向指示、价格表、时刻表、公交换乘信息等。此外，动态信息服务系统包括电子显示屏、电子站牌、自动取售票机等。枢纽信息服务设施的另一部分——枢纽场站信息服务系统也是不可或缺的，主要服务于枢纽内各交通方式的场站调度。将智能运输系统（ITS）的概念引入枢纽场站信息系统，会让枢纽的功能有更大的发挥空间，让各种交通方式的衔接更加顺畅。

② 其他设施。除信息服务设施外，枢纽内还设有通风照明设施、恒温设施、隔音防护设施、应急和防灾设施等。

任务 2.3 城市公共交通线网规划

城市公共交通线网规划

2.3.1 拟完成的任务

分析城市公共交通线路网规划影响因素，并请你根据基础概念认知，制定城市新城区公共交通线路网规划布局影响因素思维导图。

2.3.2 任务目的

（1）会根据任务进行公共交通线路网规划布局影响因素分析；

（2）掌握影响因素变化对线路网优化的要求；

（3）培养严谨的实事求是的工作作风，增强职业社会责任感，践行为人民服务的初心。

2.3.3 相关配套知识

城市公共交通规划是根据城市社会经济发展、用地布局和道路网布局等，并参考其他相关规划，确定不同类型公共交通方式的适用条件、功能定位、服务对象和服务水平，统筹安排各层次、各类型城市公共交通方式在城市空间的布局和合理衔接。广义的城市公共交通规划包括确定公共交通系统设计的目标及达到该目标的策略，并考虑城市公共客运交通系统与城市综合交通、土地利用及整个城市发展的关系。狭义的城市公共交通规划是指城市交通规划中的公共交通专项规划，按照公共交通系统组成来看，狭义的公共交通专项规划又可以细分为常规公共交通线网规划、轨道交通线网规划、快速公共交通系统线网规划、地面公共交通场站规划等。

2.3.3.1 城市公共交通规划分类

1. 按规划时间跨度来分类

按规划时间跨度来看，城市公共交通规划可以分为战略规划、远期规划和近期规划。战略规划的主要目的是深入分析各种不同的城市交通发展模式并推荐最适宜的发展模式。战略规划中需要较多地考虑土地使用与交通模式之间的协调关系，考虑未来 20 年或更远时期规划方案的社会、经济与环境效应。

远期规划一般研究 10~15 年内的公共交通系统是采用新系统还是改进现有系统，确定系统内部结构，进行较完整的方案设计（包括线网、枢纽与场站的布局及车辆发展等）。

近期规划主要研究 3~10 年内对现有系统的调整和优化的问题，分析原因并提出相应的措施。

2. 按规划的层次来分类

我国现行的城市规划编制体系和城市交通体系规划层次，大致分为五个层次。

（1）城镇体系规划。城镇体系规划包含全国、省（自治区、直辖市）、跨行政区域、市域、县域五个类型。

（2）城市总体规划。城市总体规划是指城市规划纲要、总体规划；分区规划和专项规划。城市总体规划包括城市综合交通规划和城市公共交通规划。

（3）详细规划。详细规划是指控制性、修建性详细规划，在控制性详细规划中，对公共交通走廊、枢纽及周边布局等需要特别明确公共交通基础设施的配置标准和配置要求，划定公共交通设施的用地界线。

（4）城市综合交通规划。城市综合交通规划主要确定城市综合交通发展战略、主要交通方式和设施的布局规模、不同交通系统之间的衔接原则，支撑城市科学、可持续发展，实现城市交通与土地、经济的协调，构建高效、通达、安全的交通发展环境，体现交通系统促进和引导城市发展，协调长远发展和近期建设之间的关系，并在资源约束条件下，突出建设集约化城市和节约型社会的目标。

（5）城市公共交通规划。城市公共交通规划主要有城市公共交通系统构成和客运系统总体布局框架，统筹规划公共交通系统设施安排和网络布局。

3. 按城市公共交通规划内容分类

按城市公共交通规划内容分类，城市公共交通规划的基本内容主要有城市公共交通系统构成和客运系统总体布局框架，统筹规划公共交通系统设施安排和网络布局，具体包括城市公共交通体系线网规划、枢纽规划、场站规划、城乡一体化规划、城市公共交通信息化规划。城市公共交通规划中各子系统规划的规划原则和方法、内容均有不同，其中公共交通线网规划、枢纽规划和场站规划是最基本的三项专项规划。

2.3.3.2 城市公共交通线网规划概述

1. 影响因素

公交线网
布局原则

影响城市公共交通规划的因素是多方面的，一般情况下，在进行城市公共交通线网规划时应主要考虑以下几个方面的因素。

（1）城市客运交通需求。城市客运交通需求，包括数量、分布和出行路径的选择，是影响公共交通线网规划的首要因素。在一定的服务水平要求下，客运需求量大的区域，要求布置的公共交通线网客运能力较大。理想的公共交通线网布局应满足大多数交通需求，具有服务范围广、非直线系数小、出行时间短、直达率高（换乘率低）、可达性高（步行距离短）等特点。

（2）道路条件。对于常规公共交通线网来说，道路网是公共交通网络的基础，但并非所有的道路都适合公共交通车辆行驶，要考虑道路几何线型、路面条件和容量等限制因素。如果道路条件较差，例如转弯半径过小、坡度过陡、路宽不足，那么就不适合公共交通车辆行驶。可以将所有适合于公共交通车辆行驶的道路定义为公共交通线网规划的"基础道路网"。当"基础道路网"中有较大空白区时，应对道路网络规划提出反馈意见，以保证"基础道路网"能满足公共交通网络布设的要求。

（3）场站条件。首末站可以作为公共交通线网规划的约束条件，也可在线路优化后，根据路线配置的车辆确定首末站及其规模；一般的公共交通车站可以在线路确定后，根据最优站距和车站长度的限制等情况确定。

（4）车辆条件。影响线网规划的车辆条件包括车辆物理特性（车长、宽、高、重等）、操作性能（车速、加速能力、转弯半径等）、载客指标（座位数、站位数、额定载客量等）和车辆数。考虑其物理特性和操作性能与道路条件的协调，可以确定公共交通线网规划的"基础道路网"。由车辆总数、车辆的载客能力和路线的配车数决定路线总数。车辆总数可作为线网规划的限制条件，也可先规划线网，根据线路配置车辆，得到所需的总车辆数，再考虑数量的限制。

（5）效率因素。效率因素是指公共交通线网单位投入（如每公里，每班次等）获得的服务效益，反映线路效益的指标有：每月行驶数、每车公里载客人数、每车公里收入、运营成本效益比等。它不仅反映线路的运营状况，还反映路线经过地区的客运需求量和对线路的服务吸引能力，因而在规划中，应特别考虑线路线网效益。

（6）政策因素。城市公共交通系统与交通管理政策（如车辆管制与优先、服务水平管理、票价管理等）、社会公平保障政策（如照顾边远地区居民出行）、土地发展政策（如通过开辟公共交通线路诱导出行，促进沿途地带的发展）密切相关。

2. 城市公交线网层次

城市公共交通线网规划一般需要进行交通现状调查，了解城市人口出行次数、出行方式等情况，还需要了解城市总体发展布局和综合交通规划；并对调查的数据进行出行交通量预测和出行分布预测；以统计分析等方法预测居民出行选择等，得到城市公共交通出行需求信息，综合考虑各种影响因素，使用逐条布设和优化成网，进行综合平衡、调整优化、形成整个公共交通线网布局规划方案。规划采用"逐层布设、优化成网"的布设方法，将城市公共交通线网分为三个层次：骨架线路、基本线路和补充线路，逐层逐步完成线网布设。

（1）骨架线路。实现跨区域客流在空间上快速、集中转移的公共交通线路，沟通城市大型对外客运枢纽，是土地集中利用的功能区之间的衔接纽带，是城市各级组团间及组团内部的主要客流走廊，在公共交通线网体系中起支架作用。骨干线路也被称为公共交通快线。

（2）基本线路。对骨架线路的补充和完善，以满足城市各组团或各组团区域内部分乘客中短程距离出行的交通需求，并承担与轨道交通、骨架线路、公路、铁路及客运港口等枢纽点的衔接换乘，应依据骨架线路和换乘枢纽布局设置。

（3）补充线路。以填补空白或公共交通稀疏区域为主，满足城市边缘组团出行交通需求。线路主要通过抽疏中心区重叠线路产生，或根据客流需求在公共交通空白区新开线路。补充线路对解决城区边缘组团居民乘车难问题将起到重要的作用。

3. 城市普通公交线网形式

线路网的构成形式也取决于该城市的主要客流方向。公共交通线路网的铺设，要与城市主要客流方向相一致。居民出行，无论是因工作、学习，还是购物、探亲、旅游等，只要出行距离超过步行允许限度，而又不具备个体交通便利的情况下，都会产生乘坐公共交通工具的需求。因此在市民居住小区、城市工业区、商业区、游览区、文化区和飞机场、火车站、码头、长途汽车站以及各种文体娱乐场所，都需要铺设公共交通线路。

（1）直径形线路网。这种布局一般是由若干条直径相等的线路相交叉，并把城市外围与城市中心连起来组成的线路网。这种线路网的特点是从城市的一端穿过市中心到另一端。它适用于道路网呈棋盘状的大、中、小城市。

（2）放射形线路网。这种布局通常是由若干条放射线路组成的线路网。线路一端集中于市中心附近，另一端则根据市道路网状况向四面八方放射分布。它主要适用于中、小城市。

（3）环形路网即在城市环形道路上确定的线路，如在内环线、中环线、外环线的道路上开辟线路，可起到从城市的外围沟通交通的作用。这样，以四周边缘地区为起止点的乘客，不必穿行市区就可以到达目的地。这对于减少车辆在市中心街道上的通行次数，缓解市区道路交通拥挤状况，具有积极意义。这种布局通常适用于大城市。

（4）方格对角线形路网。这种布局是以纵横交错的直线路网和棋盘形城市中心的对角线路网组成，多见于历史遗留下来的古城，也适用于一些呈棋盘状线路网的现代化大、中城市。

（5）混合型线路网。混合型线路网综合了各种线路网的形态，根据不同地区的主要客流方向、道路网形态，形成不同路线形式。它一般适用于特大城市或大城市。

以上线路网的类型一般不可能单独出现，大多数城市多是采用一种线路网为主、多种线路网为辅的形式。各城市采用哪种类型的线路网，是根据城市形状和道路的铺设状况，以及工业区、商业区、居民区的分布情况来确定的。

4. 公共交通线路网的布局

公共交通线路网的布局主要原则是线路的走向要与主要客流相一致，以保证乘客特别是工作性乘客的乘车需要。线路应直接沟通城市各主要客流集散点，努力减少乘客中转现象，不断增加直达乘客的比重。线路行程不宜过长或过短，平面上的线路不宜过多迂回曲折，应使大部分乘客能节约乘车时间和交通费用。在保证基本客流需要的前提下，有利于改善公交企业生产经营管理，提高企业的经济效益。注意城市内外各种客运网间的协作与配合，保证乘客在不同运输工具间换乘的方便。公共交通线路网的布局，具体包括如下几方面的主要内容，即线网密度、运营线路长度及站距和站址等的确定。

1）线路网密度

线路网密度是指有公共交通线路的街道长度与城市建成区面积之比，是反映公共交通供给水平的一个重要指标，又是考核一个城市居民乘车方便程度的指标，是线网布局时首先要解决的问题。公交车保有量一定时，公交线网密度过高或过低，都会造成车外出行时间（候车时间与步行时间）的增加。适宜的线网密度既有利于满足乘客的需要，又有利于交通通畅，以及运输设施的充分利用。城市公共交通线网密度分为纯线网密度和运营线网密度。

（1）公交纯线网密度是指有公交服务的每平方千米的城市用地面积上，有公交线路经过的道路中心线的长度，即

$$公交纯线网密度 = \frac{有公交线路经过的道路中心线总长度}{有公交服务的城市用地总面积}$$

该指标的大小反映了居民接近公交线路的程度，从理论上分析全市客流量以 $2.5 \sim 3.0 \ \text{km/km}^2$ 为好，在市中心区客流量大处可适当加密，市边缘地区客流密度低，则可减小。

（2）公交运营线路网密度的计算方法是使用各公交运营线路的实际长度除以所经地区的面积。即

$$公交运营线路网密度 = \frac{公交运营线路总长度}{有公交服务的城市用地总面积}$$

这一指标考虑到了公交复线、重叠系数的事实，但对于公交线路分布是否均匀、居民乘车是否方便，还不能反映出来，该指标与公交纯线网密度指标无法联系，也不能相互换算，不过这项指标比较容易计算。

2）运营线路长度

运营线路长度是指城市公共交通固定运营线路的长度，不包括临时行驶的线路长度。这与城市的规模、城市居民的平均乘距大小有关。线路过短既增加了乘客换乘的次数，又使车辆在终点站停歇时间相对增加而降低营运车速；反之，线路过长会影响行车的准点，而且因沿线客流分布不均，会导致运能利用不平衡。在确定线路长度时，要充分考虑到乘客需求、车辆运用水平的高低及线路数目的多少。在 200 万人口以上的大城市，线路长度一般以不超过 15 km 为宜。

3）站距和站址

站距是指同一线路相邻站点之间的距离。站距长短（或站点的数目多少）的确定，

需要综合考虑乘客节约出行时间、提高车辆营运速度、客流的主要集散地点、城市街道的实际条件以及城市交通规则等因素。中途车站的站距，市区线一般为 500～800 m，郊区线一般为 800～1 000 m。如果仅从时间因素出发，较为适宜的平均站距可用下面的公式求得

$$平均站距 = \sqrt{\frac{1}{60} \times 车辆平均停站时间 \times 平均乘距 \times 乘客平均步速}$$

上式是假设每位乘客步行距离为 1/2 站距离时推出的，由于站点一般设置在客流较大的集散点，上述假设也可以考虑为 1/4 站距。

在确定站点的距离后，需要选择合理的站点位置。停靠站宜布置在接近线路交叉口处，便于乘客转车。但停靠站到线路交叉口的距离，应以不影响交通安全和交通畅通为前提。始发站或终点站的站址选择，除考虑停靠站的一些原则外，还应具备车辆回车场地的条件。

4）公交车辆拥有率（标台/万人）

公交车辆拥有率（标台/万人）是反映城市公交客运实际能力的另一个重要指标，也就是在城市一定空间内每万人拥有的公交车辆标台数。即

$$公交车辆拥有率 = \frac{公交车辆标台数}{市区人口}$$

其中，一辆标准车按 80 个座位计算。单纯公交车辆的绝对数不能反映城市公交设施的水平，而要用单位人口拥有公交车辆数作为标准，在全世界范围内基本上每万人拥有公交车辆数作为标准。

纵观世界各国，在不同地域、不同规模、不同经济发展水平条件下，各城市的公交车辆拥有率状况也各不相同，一般是城市愈大，公交车辆拥有率水平愈高，这一方面是由于大城市对公交需求量大，另一方面也具备经济条件，此外与交通政策也密切相关。根据对世界 167 个城市万人公交车拥有率的统计，评价值为 11.7 辆/万人，在统计曲线上 50%位的对应点值为 10 辆/万人。在我国《城市道路交通规划设计规范》中，大城市的公共汽车和电车的规划拥有量为每 800～1 000 人一辆标准车，即 10～12 标台/万人，中、小城市为每 1 200～1 500 人一辆标准车，即 7～8 标台/万人。

5）公交站点覆盖率（%）

公交站点覆盖率，也称公交站点服务面积率，是公交站点服务面积占城市用地面积的百分比，是反映城市居民接近公交程度的又一重要指标。通常按 300 m 半径和 500 m 半径计算，《城市道路交通规划设计规范》规定的公交站点覆盖率，按 300 m 半径计算，不小于 50%，按 500 m 半径计算，不小于 90%。也可以参考下面的公式进行计算。

$$公交站点覆盖率 = \frac{公交站点服务面积}{城市用地面积} \times 100\%$$

6）运营线路条数

运营线路条数是指为营运车辆设置的固定运营线路的总数，不包括临时线、区间线和专门为机关、学校、工厂、企事业等单位服务的班车线。

一个城市运营线路条数的多少，不仅可以反映城市公共交通的规模，还可以反映城市居民乘坐公共交通车辆的流通程度。因为，从某种意义上讲，一个城市的公共交通线路越多，居民出行的换车次数就越少，方便程度也就越大。

7）运营线路总长度

运营线路总长度是指城市公共交通全部固定运营线路的长度之和。计算公式为

$$运营线路总长 = \frac{1}{2}\sum 上行总里程 + 下行总里程 + 上下行掉头里程$$

$$= \sum (各条运营线路的长度)$$

8）运营线路网长度

运营线路网长度是指城市公共交通的运营线路所通过的道路长度的总和，或是运营线路总长度减去并行重复线路的长度。计算公式为

$$运营线路网长度 = 运营线路总长度 - 并行重复线路长度$$

9）线路重复系数

线路重复系数反映城市公共交通线路在一定范围内的重复程度。线路重复系数的大小，不仅反映了该城市道路网布局和公共交通线网布局是否合理，而且直接影响居民的乘车方便程度。运营管理部门在设计线路时，应该尽可能地减少线路的重叠。

10）平均运距和平均出行乘车距离

平均运距是指乘客每次乘车的平均距离。一般来说，市区线路的平均运距小，郊区线路的平均运距大。平均运距可以根据客流调查资料确定。

平均出行乘车距离是指乘客在完成一次出行的全过程中的平均乘车距离。其计算公式为

$$乘车距离 = 完成一次出行的乘车次数 \times 平均运距$$

平均出行乘车距离与平均运距之比产生的换乘次数是衡量一个城市公共交通方便与否的重要标志。

任务 2.4　城市公共交通服务评价

2.4.1　拟完成的任务

根据某城市进行的交通调查数据，其中一个交通小区出行换乘次数统计如表 2-2 所示，计算该交通小区换乘相关服务指标，并进行评价。

表 2-2　一个交通小区出行换乘调查数据表

该交通小区出行客流/人	不需要换乘客流/人	需要换乘1次/人	需要换乘2次/人	需要换乘3次/人	需要换乘4次/人
10 000	4 698	3 628	896	538	240

2.4.2　任务目的

（1）会根据任务进行公共交通服务评价指标计算；
（2）掌握公共交通服务评价指标体系；
（3）乘客出行服务是公共交通服务的核心，提高公交服务水平，构建和谐交通，是公共交通服务的重要任务。

2.4.3　相关配套知识

为广大公众提供快捷、安全、方便、舒适的城市公共交通服务是城市公共交通发展水平的直接体现，是提高城市公共交通吸引力的重要途径。城市公共交通服务是由网络化的基础设施、现代化的运输装备、智能化的信息平台、综合化的管理体制以及人性化的运输服务共同协调完成的。

城市公共交通服务评价是对城市公共交通服务水平的客观判断，是政府对公共交通行业实施监管的重要抓手。按照评价对象的不同，城市公共交通服务评价可分为对政府提供公共交通整体服务水平的评价和对企业公共交通运营服务水平的评价。对政府评价的主要目的是监督政府进一步落实城市公共交通优先发展战略，从而提升城市总体竞争力和城市可持续发展的能力。对企业评价的主要目的是引导和促进城市公共交通服务水平的提升，提高城市公共交通的吸引力，使百姓愿意乘公交、更多乘公交。

2.4.3.1　城市公共交通服务评价指标

城市公共交通服务评价指标通常可包括六个方面，即便捷性、安全性、舒适性、可靠性、满意度、节能环保性。

1. 便捷性指标

便捷性指标包括站点覆盖率、网络密度、换乘距离、平均换乘系数、班次时间间隔、平均行程车速、乘客站点平均等待时间、信息化服务水平等。

（1）班次时间间隔。
① 指标的含义。线路周转时间/配车数。
② 指标说明。在首站连续发出的某线路班次的平均时间间隔，服务间隔一般按照

周转时间与配车数确定，并且区分高峰和平峰时段。单位：min。

（2）平均行程车速。

① 指标的含义。所有公共交通车辆每日运行里程之和与车辆总行程时间之比。

② 指标说明。城市公共交通车辆的平均行程车速是反映城市公共交通运行状况及其便捷性的指标。行程车速是指车辆通过某段道路的长度与通过该条道路所需的总时间之比（包括中间停车时间和延误时间），平均行程车速是所测车辆样本行程速度的算术平均值。

单位：km/h。

（3）乘客站点平均等待时间。

① 指标的含义。乘客到达公共交通车站起至上车的平均等待时间。

② 指标说明。反映乘车的便利程度。指定站点的乘客平均等待时间是给定时间段内乘客等待时间的平均值。对一次出行而言，乘客平均等待时间可以估算为：

$$乘客平均等待时间 = \frac{行车间隔时间}{2} \times (1 + 每次出行平均换乘次数)$$

单位：min。

（4）乘客平均换乘系数。

① 指标的含义。乘车出行乘次之和与乘车出行总人数之比。

② 指标说明。衡量乘客直达程度的指标，能准确反映公共交通系统的便捷程度，当这个指标较低时，乘客可以以较少的换乘次数到达目的地，从而提升公共交通出行的满意度。

（5）信息化服务水平。

① 指标的含义。指公共交通运营线路为乘客提供便捷的信息服务的水平。

② 指标说明。公共交通运营线路安装乘客信息系统（公共交通出行服务查询、公共交通车辆位置、时间信息提示系统等，主要安装于公共交通站点）体现了公共交通服务的现代化水平。

2. 安全性指标

（1）突发事件应急预案。

① 指标的含义。指是否制订了为应对突发事件的应急保障措施。

② 指标说明。完善的突发事件应急预案管理可以在发生突发事件后及时响应，有效组织救援，最大限度地保证生命财产安全，是行业安全管理水平的重要标志。

（2）安全行驶间隔里程。

① 指标的含义。公共交通车辆年度行驶总里程与当年行车责任事故次数的比率。

② 指标说明。公共交通车辆安全运行间隔里程是反映城市公共交通系统性能的重要指标，也是行业安全生产管理及提高城市公共交通运输服务水平的重要体现。

单位：万 km/次。

（3）行车责任事故率。

① 指标的含义。年度责任事故总数与运营车辆总数的比值。

② 指标说明。行车责任事故率是反映运营安全水平的重要指标，该指标数值越低，说明车辆的运营安全水平越高。单位：次/车。

3. 舒适性指标

（1）高峰小时平均满载率。

① 指标的含义。在高峰小时内，通过最大客流断面的各车次乘客数之和与车辆的额定载客量之和成正比。

② 指标说明。该指标反映乘车环境的拥挤程度，是衡量公共交通服务舒适性的重要指标。单位：%。

（2）全日线路平均满载率。

① 指标的含义。（单位标台车辆单日载客量/单位标台车辆额定载客量）×100%。

② 指标说明。客流的全日线路平均满载率是指某线路全日供应所提供的运能与实际乘客需求量的比例关系。单位：%。

（3）座位容量百分比。

① 指标的含义。（单位标台车辆座位数/单位标台车辆额定载客量）×100%。

② 指标说明。该指标是衡量公共交通服务舒适性的重要指标。单位：%。

（4）车厢服务合格率。

① 指标的含义。（被检车辆车厢服务合格车辆数/被检车辆总数）×100%。抽查数量不少于 30%的线路和 20%的运营车辆。

② 指标说明。该指标值的大小反映了乘客乘车过程中的舒适程度，是衡量服务水平的重要指标。单位：%。

4. 可靠性指标（准点率）

（1）指标含义。一定时期内反映运营车辆按规定时间准点到站运行的情况。该指标根据到站情况分为发车正点率、行车准点率和终点站准点率。

（2）指标说明。该指标是反映公共交通服务可靠性的重要指标之一。单位：%。

（3）发车正点率。指运营车辆在运营线路上整点发车的次数与全部发车次数之比。正点率≥98%为优秀，<80%为不合格。一般情况下，采用首末站班次准点率和全日准点发车率。

（4）行车准点率。指统计期内运营车辆正点运行次数与全部行车次数之比。许多市民选乘公共交通车辆上班的重要条件是行车准点率。

（5）终点站准点率。运营车辆在终点站按计划时刻表准点到达的次数占总行车次数的比例。

5. 满意度指标

1) 乘客满意度

（1）指标含义。（对公共交通服务质量满意和比较满意的乘客数/被调查的乘客数）×100%。随机调查不少于20%的运营线路，每条线路收回问卷不少于200份。

（2）指标说明。乘客满意度是反映公共交通服务水平的重要指标。该项指标越高，反映公共交通服务越好。单位：%。

2) 乘客投诉办理满意率

（1）指标含义。年度乘客投诉办理并得到满意答复的件数/乘客年度投诉件数×100%。

（2）指标说明。乘客投诉处理满意率是反映公共交通服务水平的重要指标。该项指标越高，反映公共交通服务越好。单位：%。

6. 节能环保性指标

1) 国Ⅲ以上标准车比例

（1）指标含义。（国Ⅲ以上排放标准车辆数/公共交通车辆总数）×100%。

（2）指标说明。反映公共交通车辆装备在节能环保方面的水平。单位：%。

2) 清洁能源车辆比例

（1）指标含义。（使用混合动力、纯电动、燃料电池等清洁能源车辆数/公共交通总车辆数）×100%。

（2）指标说明。该指标是反映公共交通车辆装备在节能环保方面表现的重要指标。单位：%。

3) 百公里能源消耗

（1）指标含义。年度公共交通车辆消耗的能源总量/年度运营总里程。

（2）指标说明。百公里能源消耗是反映公共交通车辆节能环保水平的重要指标。单位：升/标台、m^3/标台。

2.4.3.2 城市公共交通服务评价实施机制

城市公共交通服务评价的实施是推动城市公共交通服务评价工作、落实城市政府对公共交通服务监管责任的关键。评价实施机制的好坏直接影响到服务评价的效果。

一般来说，城市公共交通服务评价可分为对政府公共交通发展水平评价和对公共交通运营服务水平评价，两者的评价实施机制有所不同。

1. 政府公共交通发展水平评价

（1）评价机构组织。成立国家层面或省层面城市公共交通服务评价领导小组，组织开展对城市公共交通服务水平进行评价，并将考核结果向社会公告。

（2）评价流程。城市公共交通发展水平评价由城市政府组织初评，组织力量实施相关数据核对、文档汇总和自评等工作，对初评结果进行总结并报上级政府，由上级政府组织复评，复评结果报国家级评价小组。评价小组通过听取汇报、查阅资料、实地检查、征求群众意见等方式，对各城市的实施情况进行抽查核实。每个阶段都有严格的审查、审核组织和技术保障。

（3）评价目的。城市公共交通服务水平评价结果可用于了解城市公共交通发展存在的现状和问题，为城市公共交通行业管理机构制定行业标准、规范、法规等提供依据。为引导城市公共交通科学发展，提高城市公共交通整体形象和吸引力提供依据。

2. 公共交通企业运营服务水平评价

（1）评价机构组织。公共交通企业运营服务水平评价可通过建立多渠道服务质量评价反馈和监管机制来实施，如成立公共交通企业运营服务水平评价委员会，主要负责服务质量考核结果的审查和认定以及对经营者提出的异议进行裁定。评价委员会由城市公共交通行业管理机构人员、行业专家、媒体和市民代表等组成。评价委员会主任由委员选举产生，负责主持考核工作。评价委员会下设考核工作小组，主要负责完成考核资料的收集、审查及考核的初评工作。考核工作小组的人员主要由城市公共交通行业管理机构的相关人员组成。评价委员会的主要职责为起草考核评价流程及操作规范，定期开展质量调查和评价，对公共交通企业提出改进建议。

（2）评价流程。公共交通企业运营服务水平评价流程主要经过初评和最终评议两个阶段，初评的主要责任主体是评价工作小组，最终评议的责任主体为评价委员会。由企业、第三方测评机构等报送的评价资料，经考核小组预审后，作为第三方机构出具调研报告的重要数据来源。第三方测评机构的调研报告经审查核实后，由评价工作小组形成初评结果并报送评价委员会，评价委员会对初评结果进行严格审查、认定后，其评价结果由城市公共交通行业管理机构向社会公布，并征询企业意见，若企业有异议提出申诉并经评价委员会认|，则须重新进行评价。

（3）第三方测评。城市公共交通行业管理机构通过公开招标或竞争性谈判选定社会第三方中介机构，按照公平、公正原则，依据企业服务评价指标对各公共交通企业的服务质量进行定期测评，出具评估报告，并对提供报告的真实性、准确性负责。评价工作小组根据评估报告进行评分。

（4）评价结果发布形式。评价委员会确定评价结果后，将其报送城市公共交通行业管理机构，并通过网络及相关媒体公示评价结果。如经营者对评价结果有异议，可在规定的时间范围内向城市公共交通行业管理机构申请重新评价，评价委员会决定是否重新进行评价，并向经营者说明理由。

（5）评价结果的运用。评价是手段，结果运用是目的。城市公共交通企业服务水平评价结果可运用到经济补贴、激励与约束中，发挥经济杠杆对企业的激励约束作用；可运用到公共交通经营企业的市场准入与退出机制中；也可运用到精神激励中。引导公共交通企业把落实"公共交通优先、公共交通优秀"的理念同实现公共交通企业经营效益和价值结合起来，要把评价结果作为公共交通经营者评先创优的依据。

任务 2.5　城市公共交通安全与应急

城市公共
交通安全与
应急

2.5.1　拟完成的任务

成立学习小组，根据基础概念认知，制定一份城市公共交通运营企业应急处置预案，并按要求进行汇报。

2.5.2　任务目的

（1）会根据任务进行运输企业安全应急预案编制；
（2）掌握突发紧急情况类型并掌握应急处置办法；
（3）培养安全责任重于泰山的社会责任感，提高"人人讲安全、个个会应急"的应急处置能力。

2.5.3　相关配套知识

城市公共交通安全与应急管理贯穿于公共交通运营服务的全过程，包括对公共交通场站、车辆等服务设施及轨道交通安全保护区等安全区域的监督管理。日常安全监管主要是根据管理内容和范围，通过建立和完善一整套有效的安全监管体制与机制而实施的一种常态性、基础性的行业安全管理方式，其主要目的在于对安全事件或事故的有效预防。

应急管理是指在公共交通安全事件或事故发生后，通过实施应急预案，快速启动应急响应机制，迅速调集各类资源疏解客流，有序开展事故处置活动的一种非常态的行业安全管理方式。这种方式的主要目标是最大限度地降低事件或事故的损失，减少社会影响。

公共交通运营企业是公共交通安全与应急管理中的责任主体，城市公共交通行业管理机构主要承担监督管理职责。公共交通运营企业应当建立健全企业安全生产管理制度，设置安全生产管理机构或者配备专职安全生产管理人员，保障安全生产经费投入，增强突发事件防范和应急处置能力，定期开展安全检查和隐患排查，加强安全乘车和应急知识宣传；应当制定城市公共汽电车客运运营安全操作规程，加强对驾驶员、乘务员等从业人员的安全管理和教育培训。驾驶员、乘务员等从业人员在运营过程中应当遵守安全操作规程，并对城市公共汽电车客运服务设施设备建立安全生产管理制度，落实责任制，加强对有关设施设备的管理和维护。应当建立城市公共汽电车车辆安全管理制度，定期对运营车辆及附属设备进行检测、维护、更新，保证其处于良好状态。不得将存在安全隐患的车辆投入运营；应当在城市公共汽电车车辆和场站醒目位置设置安全警示标志、安全疏散示意图等，并为车辆配备灭火器、安全锤等安全应急设备，保证安全应急设备处于良好状态；公共交通运营企业应当按照规定配备安保人员和相应设备设施，并加强安全检查和保卫工作。乘客应当自觉接受和配合安全检查。对于拒绝接受安全检查或者携带违禁物品的乘客，公共交通运营企业从业人员应当立即制止其乘车；如果制止无效，应及时报告公安部门进行处理；城市公共交通主管部门应当会同有关部门，定期进行安全检查，督促运营企业及时采取措施消除各种安全隐患，并制定城市公共汽电车客运突发事件应急预案。同时，公共交通运营企业应当根据城市公共汽电车客运突发事件应急预案，制定本企业的应急预案，并定期进行演练。发生安全事故或者影响城市公共汽电车客运运营安全的突发事件时，城市公共交通主管部门、运营企业等应当按照应急预案及时采取应急处置措施。

2.5.3.1 相关法规依据

为加强城市公共交通安全与应急管理工作，国家相关职能管理部门十分重视行业安全管理政策法规的建设、通常在地方性法规或规章中都对行业安全与应急监管作出相应规定。

2006 年，建设部颁布了《国家处置城市地铁事故灾难应急预案》，提出了我国城市地铁（包括轻轨）发生的特别重大事故灾难应急预案。各省市在地方性法规和政府规章中也对公共交通的安全监管进行了一系列的制度设计。均有安全监督和应急管理的具体条款。例如《上海市公共汽车和电车客运管理条例》（2010 年修订）；《广州市公共汽车电车客运管理条例》（2009 年修订）；《城市公共汽电车突发事件应急预案》（2018 年 3 月 27 日起施行）等。在轨道交通行业，有关城市不仅在轨道交通管理法规中设有安全与应急监管方面的内容，而且不少城市还专门颁布了轨道交通安全与应急监管的政府规章和行政规范性文件，主要有《北京市城市轨道交通安全运营管理办法》（2009 年 6 月第二次修改）；《北京市轨道交通运营突发事件应急预案》（2007 年修订）；《成都市城市轨道交通运营管理办法》（2010 年 9 月 20 日起施行）；《广东省处置城市地铁事故灾难应急预案》（2010 年 6 月 25 日起施行）；《上海市轨道交通运营安全管理办法》（2010 年 3 月 1 日起施行）；《上海市轨道交通运营安全事故处置暂行规定》（2010 年 11 月 8 日起施行）；《交通运输突发事件应急管理规定》（中华人民共和国交通运输部令 2011 年第 9 号）（2012 年 1 月 1 日起施行）等。这些城市公共交通安全与应急监管所涉及的政策法规主要包括行业安全监管的范围、政府和企业在行业安全和应急管理中的机构设置和职责分工、公共交通突发事件或事故灾难的应急处置、安全事故的法律责任追究等内容。

2.5.3.2 管理职责分工

公共交通安全与应急管理涉及不同政府职能部门，城市人民政府应当加强对城市公共交通安全监督管理工作的领导，督促有关部门依法履行城市公共交通安全监督管理职责，保证相关部门分工明确、职责到位以及各部门间的协调联动。

不同城市的公共交通安全与应急监管的机构设置和职能分工不完全一致，但基本上包括以下主要职能部门。

1. 城市公共交通行业管理机构

城市公共交通行业管理机构负责行业日常安全监督检查，指导公共交通企业安全与应急管理工作，根据公共交通安全与应急处置的实际需要，建立跨区域协作机制，协同应对超越管辖区域的交通运输安全事故，建立安全事故应急预案体系，编制和发布应急预案，聘请有关专家组成专家组，为公共交通安全与应急的管理和处理工作提供咨询、建议。

2. 公安部门

公安部门负责公共交通安全违法犯罪活动的预防和查处，负责公共交通安全事故或突发事件发生时的现场秩序维持，预防、制止和侦查处置过程中发生的违法犯罪行为，协助进行人员疏散，事后协助有关机构调查事故或突发事件原因，查处相关责任人。

3. 安全生产监督部门

安全生产监督部门负责指导、协调检查和督促有关部门依法履行公共交通安全生产工作职责，并组织实施安全生产目标责任制管理和考核等相关工作。同时，组织指挥专业抢险队伍，对公共交通安全生产突发事故进行抢险救援。负责组织安全生产专家组，对公共交通安全生产突发事件进行调查和处理。

4. 质量技术监督部门

质量技术监督部门负责对公共交通运营车辆安全技术检验设备进行检定校标，对公共交通运营企业执行国家机动车安全技术检验标准情况进行监督检查，并会同有关部门组织修订涉及公共交通安全的地方标准。

5. 财政部门

财政部门负责审批、安排公共交通安全事故或突发事件救援、善后处置以及公共交通设施工程修复所需的资金。

6. 宣传部门

宣传部门负责组织城市新闻媒体进行安全与应急相关知识的宣传，进行公共交通安全事故的新闻发布和宣传报道等工作，组织对较大的公共交通事故或突发事件处置情况的新闻发布工作，加强对互联网公共交通安全与应急信息的管理等。

2.5.3.3 日常安全监管职责

加强日常安全监管是确保公共交通运营安全的基础。城市公共交通行业管理机构对于公共交通的日常安全管理，主要包括运营服务设施设备、安全保障设施设备、驾乘人员安全服务操作规范管理、乘客安全乘车行为等方面的安全监管内容。

1. 运营服务设施设备安全管理

公共交通运营设施设备安全管理包括运营车辆及其内部服务设施、公共交通场站及其内部配套设施等方面的管理。例如，在公共交通运营车辆及其车内服务设施安全管理方面，《上海市公共汽车和电车客运服务规范》规定，公共交通运营车辆性能应当符合《公交客车通用技术要求》(DB31/T 306—2008)，车辆安全服务设施应符合相关标准。如车内扶手柱和拉手杆、安全消防设施等须符合《上海市公共汽车和电车车辆服务设施和标志管理规定》等的安装要求。

2. 安全保障设施设备管理

公共交通安全保障设施主要包括报警、灭火、逃生、防汛、防爆、紧急疏散照明、应急通信、应急诱导系统等应急设施、设备和安全、消防、人员疏散导向等标志以及视频安全监控系统等。这些安全设施设备的规范配置，对于防范和应对公共交通安全事故十分必要。因此，目前，在我国主要城市的公共交通安全管理政策法规中均有相关管理要求。

3. 驾乘人员安全服务操作规范管理

配备齐全、性能完好的公共交通设施设备是公共交通运营安全的前提和基础。同时，驾乘人员对于设施设备操作的规范、合理与否更直接影响到日常运营服务的安全。因此，加强对公共交通驾乘人员安全服务操作规范的管理，是公共交通日常安全管理的重要内容。例如，我国许多城市在公共交通相关管理法规中，都对驾驶员提出了出车前严禁饮酒、班前应保证充足的睡眠和休息、不得疲劳驾驶、按规定车速行驶、保持安全车距等多条操作规范要求；对乘务员提出了维持乘车秩序、配合驾驶员开关车门、防止夹伤乘客等安全服务规定。

4. 乘客安全乘车行为管理

城市公共交通是一个完全开放的社会服务系统，保证公共交通的运营安全，既是每位乘客的义务，也是运营企业和政府主管部门的职责。乘客的乘车行为是否文明、有序、合理，将直接影响到公共交通运营安全。因此，为规范乘客日常乘车行为，我国许多城市公共交通行业管理机构都制定了公共交通乘客乘坐规则和其他约束乘客乘车行为的规定，如不得携带易燃易爆物品等。

2.5.3.4 日常安全监管方法

城市公共交通行业管理机构对安全运营的监管主要是通过制定公共交通运营安全

规范和标准，规范公共交通企业加强安全管理职能，完善日常安全管理措施落实情况监督检查的工作机制，加强公共交通安全的宣传教育和培训工作实现。

1. 制定公共交通运营安全规范和标准

制定公共交通运营安全管理规范和标准，是引导我国城市公共交通安全有序运营服务的重要抓手。这些规范与标准主要包括：公共交通人员日常运营服务安全操作规范、设施设备的安全标准、安全乘车规则等。

2. 规范公共交通企业加强安全管理职能

指导企业切实履行好运营安全管理的主体责任，特别是要加强运营企业安全管理的制度建设，其中包括：建立企业安全生产管理机构、配备专职安全生产管理人员、保证安全运营管理资金投入、制定安全运营规章制度和操作规程、建立安全运营风险评估和隐患排查治理制度、制订公共交通安全保护区作业安全防护方案等。

3. 完善日常安全管理措施落实情况监督检查的工作机制

特别是要建立健全城市公共交通行业管理机构的安全监督管理机构，加强安全监督执法检查队伍，督促企业落实安全生产管理责任制，加强城市公共交通运营安全动态监管，经常开展安全检查，消除事故隐患。例如，《上海市轨道交通运营安全管理办法》第二十条规定：市安全生产监督、交通等相关行政管理部门应当依法对轨道交通运营安全情况实施监督检查。市安全生产监督、交通等相关行政管理部门的执法人员实施检查时，应当将检查的时间、地点、内容、发现的问题及处理情况做好书面记录。

4. 加强公共交通安全的宣传教育和培训工作

作为开放性的公共服务系统，城市公共交通安全管理需要全体社会成员的共同努力。因此，一方面，城市人民政府交通、教育、公安等有关部门及公共交通企业应当加强安全乘车、安全与应急知识的宣传教育工作，普及城市公共交通安全与应急知识，增强市民、乘客的公共交通安全意识；另一方面，公共交通企业应加强对驾驶员、乘务员、调度员等运营服务人员安全服务意识和岗位服务操作技能的培训。

2.5.3.5 应急管理

1. 应急预案

公共交通安全应急预案通常包括管理类应急预案和处置类应急预案。管理类应急预案适用于政府行政管理部门，而处置类应急预案则适用于公共交通运营企业。例如《北京市轨道交通运营突发事件应急预案》规定，公共交通安全应急预案包括管理类应急预案和处置类应急预案。管理类应急预案是指城市公共交通安全与应急指挥部门为应对城市公共交通运营事故或突发事件而制定的，涉及若干部门职责的专项应急预案或部门应急预案。处置类预案是指由公共交通企业依据管理类预案规定的职责，结合本单位实际情况，为具体处置公共交通运营突发事件而制订的社会单元应急预案。政府行政部门负责制订管理类预案，并监督和审查企业处置类预案的制订和实施。公共交通安全与应急指挥是通过已建立的集成化的应急体系和应急管理模式，依据预案实现对各种应急资源的全方位实时调度，以达到减少损失和缩小影响范围的目的。主要包括预测预警、信息报送、应急决策和处置、信息发布、救援组织等几个基本环节。

2. 应急演习

安全事故预防演习可以增强安全发展理念，加强和完善事故防范与应急救援的联动机制，并通过演习进一步落实相关单位的安全责任，同时也进一步落实各相关部门依法行使的安全监督与管理责任。提高各地、各部门应对公共交通突发事故的能力，包括自救能力、联网联动能力、现场抢险能力、工作协调能力和事后控制能力。《国家处置城市地铁事故灾难应急预案》规定："省级人民政府地铁事故灾难应急机构应每年组织一次应急演习，城市（含直辖市）人民政府应每半年组织一次应急演习"。《上海市处置轨道交通事故应急预案》规定："市地铁抢险救灾指挥部要协同市应急联动中心适时组织指挥部各成员单位开展应急联动处置预案的综合演练。"指挥部各成员单位特别是市公安局城市轨道交通分局和轨道交通运营单位要加强对应急处置单位的培训和训练，每年定期或不定期地开展应急演练，提高实战处置能力。城市公共交通行业管理机构需与其他相关部门之间协调明确各自在公共交通安全与应急演习中的分工。一般而言，演习工作中应该成立以下几个工作小组。

（1）演习指挥小组负责演习的组织领导工作，其成员包括分管安全的领导人以及各相关部门的领导人。

（2）协调小组，负责演习总体方案的制订和演习具体事项的协调。

（3）操作小组，负责演习地点确定、演习科目设定、演习场景布置、施救方案模拟与技术指导、演习现场战斗和演习现场安全等。

（4）联络员小组为所有参加演习的部门和单位指定一名联络员，负责演习相关事项的联络和宣传。

演习是一种预防措施。针对尚未发生的事故，需要对事故进行假设以确定演习内容。事故假设是指假设可能发生的事故类型，包括地震、洪灾、滑坡、泥石流、风、雨、雪等自然灾害导致公共交通无法正常运营；城市公共交通系统运营车辆发生重大交通安全事故；城市公共交通出现大面积停运；调度、自动控制、营运计算机系统遭受入侵、失控、毁坏等。群体性事件可能会导致公共交通无法正常运营等问题。根据事故假设确定演习内容，包括事故现场应急救援工作指挥协调，对周围交通实施管制与警戒，控制和扑灭公共交通现场火灾，营救事故现场被困人员，相关救援部门救援装备启用与调集，事故现场周边群众疏散，事故现场气象服务等。

2.5.3.6 应急处置

1. 先期处置

城市公共交通系统事故发生后，公共交通运营企业和公安部门立即启动先期处置应急工作预案，组织站内、车厢内乘客迅速疏散离站，交警部门在现场周边有关道路实施交通管制，保证抢险通道畅通。《北京市轨道交通运营突发事件应急预案》规定的先期处置措施主要包括：轨道交通运营企业和市公安局公交总队立即启动先期处置应急工作预案，组织站内、车厢内乘客迅速疏散离站。同时封闭车站出入口，劝阻乘客进入；轨道交通运营企业立即采取必要措施，阻止在线列车进入突发事件现场区域，防止发生次生灾害；市公安局交通管理局迅速部署警力，立即在现场周边有关道路实施交通管制，保证抢险通道畅通；市交通委调配公共交通车辆疏散乘客。

2. 分级响应与应急指挥

根据事故大小，启动分级应急处理预案，依据安全与应急管理预案进行联动处置，及时调动相关人员、物资，采取响应行动，各相关部门接到通知后，立即赶赴现场，进行公共交通安全事故处理。例如《上海市处置轨道交通事故应急预案》中规定：Ⅰ、Ⅱ级应急响应，突发特大和重大轨道交通事故，由市地铁抢险救灾指挥部指挥长组织实施，各成员单位迅速到位，立即启动应急响应程序，必要时成立现场指挥部，统一指挥各专业抢险救灾队伍开展抢险救灾工作；Ⅲ、Ⅳ级应急响应，突发较大和一般轨道交通事故，由市地铁抢险救灾指挥部副指挥长或授权相关人员组织实施，必要时启动应急响应程序，通知有关成员单位迅速就位，并组织有关专业抢险救灾队伍开展抢险救灾。

3. 应急处置的主要原则及方法

在启动公共交通安全与应急预案后所采取的应急处理措施要坚持以下几个原则：迅速组织抢险救援；协调联动处理事态；严格保护事故现场；服从统一指挥调度。

具体处置方法主要包括：迅速采取有效措施，组织抢救，防止事态扩大；严格保护事故现场；迅速派人赶赴事故现场，负责现场秩序维持和证据收集工作；服从统一部署和指挥，了解掌握事故情况，协调组织抢险救灾和调查处理事宜，并及时报告事态趋势及状况；因人员抢救、防止事态扩大、恢复生产以及疏通交通等原因需要移动现场物件的，应当做好标记，采取拍照、摄影、绘画等方法详细记录事故现场原貌，妥善保存现场重要痕迹、物证等。

4. 应急处置的保障措施

为了确保安全与应急处置工作的顺利进行，需要采取一系列保障措施。这些保障措施涵盖了多个方面，包括技术通信保障、救援装备和物资保障、队伍保障、资金保障、医疗卫生保障、治安维护等。

（1）技术保障。加大对公共交通公共安全的监测、预测、预警、预防和应急处置技术研发的投入，不断改进技术装备，建立健全公共交通公共安全与应急技术平台，不断提高公共安全的技术水平，研制和开发适应公共交通特点的设备、装备，不断提高处理公共交通突发公共事件的能力。

（2）通信保障。建立和完善相关电信运营企业应急运营的设备和公共交通通信指挥系统的连接方案,保证应急处置过程中应急通信的畅通,建立和完善应急指挥基础信息数据库。

(3)救援装备和物资保障。公共交通安全与应急管理相关部门要配备现场救援和抢险装备、器材,并建立相应的维护、保养和调用等制度,建立救援和抢险装备信息数据库,并及时更新,以保障应急指挥调度的准确性,建立应急救援物资储备制度,确定救灾物资的生产、储存、调拨体系和方案,是非常重要的。

(4)队伍保障。需要组建由交通、公安、消防、卫生、市政等部门人员组成的抢险救援队伍,必要时需要武警等后备力量加入。

(5)资金保障。公共交通安全事件发生后,根据实际情况调整部门支出预算,集中财力应对事件,并经上级部门批准启动应急专项资金,必要时动用公共财政应急储备资金。

(6)医疗卫生保障。组织协调医护人员进行现场救护,负责运送伤员至医疗卫生机构救治,同时负责灾后疫情的防范和控制。事故处置结束后,要及时汇总上报人员抢救和伤亡情况。

(7)治安维护。突发公共交通事故发生后,立即封锁现场,实行交通管制;按照现场指挥部要求,维持现场治安秩序,并配合做好善后工作。例如《上海市处置轨道交通事故应急预案》规定的应急保障措施包括:队伍保障、物资保障、医疗卫生保障、交通运输保障、治安维护、通信保障、技术支持等。

2.5.3.7 善后处理

1. 事故原因调查

事故调查主体由事故等级或事故反应等级的大小决定。根据事故具体情况,事故调查组按相关规定组成。事故调查组认为必要时,可以聘请有关专家参与事故调查,事故调查组成员应当具有事故调查所需要的知识和专长,并与所调查的事故没有直接利害关系。特别重大事故按照国家相关规定执行。重大事故、较大事故和其他社会影响恶劣的事故由城市政府授权城市安全生产监督管理部门组织事故调查组进行调查。一般事故,由城市公共交通行业管理机构组织事故调查组或者委托事故发生单位组织事故调查组进行调查。例如,《广东省处置城市地铁事故灾难应急预案》规定:属于Ⅰ级响应行动的地铁事故灾难由国家领导小组牵头组成调查组进行调查;必要时,国务院可以直接组成调查组。属于Ⅱ级响应行动的地铁事故灾难调查工作由省应急指挥部牵头组成调查组;必要时,省人民政府可以直接组成调查组。属于Ⅲ级和Ⅳ级响应行动的地铁事故灾难调查工作由地铁所在地级以上市人民政府负责决定;必要时,省应急指挥部可以直接组成调查组进行调查。

2. 事故责任追究

对负有事故责任的事故发生单位和有关人员应当依照法律、行政法规的规定和负责事故调查的人民政府批复进行处理，负有事故责任的人员涉嫌犯罪的，依法追究刑事责任。相关行政管理部门及其工作人员未依法履行城市公共交通安全监督管理职责的，或者对依法应当查处的违法行为不予查处的，由上级机关责令改正，对责任人员依法给予行政处分；构成犯罪的，依法追究刑事责任。例如，《国家处置城市地铁事故灾难应急预案》对于地铁事故的责任追究有明确的规定。

3. 总结报告

公共交通安全事故应急处理完毕后，有关部门应及时向应急处置指挥机构作出书面总结报告。并根据总结报告完善现有的公共交通安全与应急预防机制，不断提高公共交通安全与应急监管水平。城市公共交通行业管理机构和公安、安全生产监督等有关行政管理部门应当对事故发生单位落实防范和整改措施的情况进行监督检查。例如《北京市轨道交通运营突发事件应急预案》规定：轨道交通运营突发事件应急处置工作结束后，市交通安全与应急指挥部办公室组织相关成员单位、市轨道交通指挥中心及相关轨道交通运营企业，一周内完成应对工作情况的总结报告，并报市应急指挥办公室。

项目 3
普通公共汽电车运营管理

 项目介绍

作为在城市公共交通系统覆盖率最高、可达性最好、出行最方便、价格最亲民的普通公共汽电车出行子系统,其服务水平直接影响城市居民对该城市公共交通服务质量的评价,而居民对出行服务满意与否更多来源于每条线路、每辆车次的乘车体验。基于此,公交服务运输企业营运部的核心工作就是要合理计划每条线路班次时刻表,做好行车作业计划编制,同时时刻根据客流变化需求进行现场调度,以提高公交服务对客流需求的响应能力,进而提高公交服务水平,真正实现"真诚为乘客,满意在车厢"。

 知识目标

1. 了解运营管理的基础概念;
2. 理解运营计划定额和参数计算方法;
3. 掌握运行计划编制方法;
4. 掌握现场调度的方法。

 能力目标

1. 能够计算运营调度定额和参数;
2. 能够编制行车计划表;
3. 能够编制车站时刻表和线路运行示意图表;
4. 能够进行现场调度,实施运力增减和调整运行秩序。

 **素质目标**

1. 培养认真调查、科学分析、果断研判、勇敢决策、坚决执行的素养。
2. 形成良好的逻辑思维能力、口头和文字表达能力，有效地传递信息。
3. 培养能够综合运用岗位能力分析与解决实际问题的能力。

任务 3.1 普通公共汽电车运营管理认知

普通公共汽电车运营管理认知

3.1.1 拟完成的任务

某体育中心在周五 19:30—22:00 将举行巨星巡回演唱会，届时预计前往人数将超过 2 万人，周边设置有约 10 条常规公交线路。请你根据基础概念认知，制定一份公共交通客流组织方案，以应对高峰客流出行需求。

3.1.2 任务目的

（1）会根据任务进行公交客流量特征分析；
（2）掌握突发高峰客流变化对出行服务的要求；
（3）培养严谨的实事求是的工作作风，增强职业社会责任感，践行为人民服务的初心。

3.1.3 相关配套知识

公交调度形式

3.1.3.1 城市公交运营调度的形式

城市公交运营调度是指城市公交企业根据客流的需要、城市公交的特点，通过制定运营车辆的行车作业计划和发布调度命令，协调运营生产的各环节、各部门的工作，合理安排、组织、指挥、控制和监督运营车辆的运行和有关人员的工作，使企业的生产达到预期的经济目标并取得良好的社会服务效益。运营调度的主要任务是按照车辆运行作业计划的要求，结合现场的实际情况，正确有效地指挥、控制和调节车辆运行，保证客运工作按时、按质、按量地完成。

车辆调度形式是指运营调度措施及计划中所采用的运输组织形式，主要包括以下基本形式。

1. 按照车辆工作时间的长短与类型划分

（1）正班车。正班车主要是指车辆在正常运营时间内连续工作相当于两个工作班的一种基本调度形式，所以又称为双班车或大班车。

(2)加班车。加班车是指车辆仅在某种情况下,在某段运营时间内上线工作,并且一日内累计工作时间相当于一个工作班的一种辅助调度形式,所以又称为单班车。

(3)夜班车。夜班车是指车辆在夜间(通常是下半夜)上线工作的一种辅助调度形式。一般城市夜间客运量不大的线路,主要行驶夜班车的车辆工作时间不足一个工作班,因此,常常与日间加班车相间组织;只在夜间客运量较大的线路上,夜班车连续工作时间相当于一个工作班。

所谓日间,通常是指日出后至日落前的一段时间;夜间,是指日落后至次日日出前的一段时间。对于大城市来讲,由于居民夜间生活时间延长,所以对于夜班车的安排常常是指线路车辆正常运营时间结束后(如22:00之后)的运营车辆。

城市公交企业为了方便按照时间组织运营车辆运行,可以将运营车辆的工作时间划分为4节,例如某一条线路将正常运营时间划分为:任务一,(早出场)6:00—9:00;任务二,9:00—13:30;任务三,13:30—18:00;任务四,18:00—22:30(晚收场)。

然后按照以上节数划分,每两节记为一个工作班,即一个工作班跨越两个节时间。对于正班车来讲,其工作时间需要连续跨越3个节及以上的工作时间;而加班车一天的在线工作时间则为2节以内。

2. 按照车辆运行与停站方式划分

(1)全程车。全程车又称为慢车,是指车辆从线路起始站发车运行直到终点站为止,必须在沿线各固定站点依次停靠,并驶满全程的一种基本调度形式。

(2)区间车。区间车是指车辆仅行驶在线路上某一客流量较高路段或区间的一种辅助形式。

(3)快车。快车是指为了适应沿线长乘距乘车的需要,采取的一种越站快速运行的调度形式,包括大站车和直达车两种。大站车是指车辆仅在沿线客流集散量较大的站点停靠和在其间直接运行的调度形式。直达车是快车的一种特殊形式,车辆仅在线路起始站、终点站停靠和运行的调度形式。

(4)定点/定班车。定点/定班车是为了接送有关单位职工上下班或学生上下学等情况而组织的一种专线车调度形式。车辆可以按照规定时间、定路线、定班次和定站点的原则来进行组织。

(5)跨线列车。跨线车是指为了平衡相邻线路之间客流负荷,减少乘客转乘而组织的一种车辆跨线运行的调度形式。俗称的"支援车"也是跨线车的一种。

在城市公交线路运输中,根据路线客运需要,可以在同一线路上同时采用两种或三种运营调度的组织形式,例如在全程车运输的基础上兼有快车运输或区间车运输。实践表明,合理地采用调度形式,对于平衡车辆及线路负荷,改善拥挤状况,提高运输效率和运输服务质量以及促进客运发展均发挥了积极作用。

3.1.3.2　城市公交运营调度机构与职责

公交调度机构

1. 城市公共调度的职责

城市公交运营调度的主要职责有以下 7 项。

（1）客流调查。除了设专职机构，客流调查是运营调度部门的基本职责之一。

（2）线路管理。按照线路发展规划，负责实施当年的线路开辟、调整计划；因市政工程、城市建设要临时改变线路的措施；设计线路的起讫站、中间站、调度设施、区间调度点、行车计时点以及乘客所需的服务设施等。

（3）行车人员与车辆的调派。它集中体现了在制定各种调度方案、行车计划中，有时也有临时任务需要调派行车人员与车辆去完成。

（4）现场调度。为了保障调度方案、调度计划的顺利执行以及使线路车辆运行保持客流需要的秩序，在线路现场实施的调度指挥措施。

（5）制定相应的规章制度。根据行业管理法规和规范要求，制定相应的规章制度，以确保行业管理的规范和规范。

（6）计算经济指标。向计划部门提供运营调度业务和有关的各种经济指标，以便更好地管理和控制运营。

（7）建立信息系统。负责建立运营调度、行车业务方面的信息系统，包括各种原始记录、台账、统计报表、资料、数据及定额等，并能及时快速地反馈传递。

2. 城市公交运营调度的机构

一般来说，中小城市运营线路较少，其调度机构适宜采用二级调度形式。大城市公交线路较多，调度机构适宜采用三级调度机构。以三级调度机构为例，一般由三个层次组成。

第一层是公司总调度室。由副经理兼任调度主任，同时设立若干名副主任，负责全公司的运营调度管理工作。

第二层是车场调度室。由副场长兼任主任，负责全场管辖线路的运营调度管理工作。

第三层次是车队调度组。由副队长任组长，副组长一般由各线路调度长兼任，负责现场调度指挥。

在这三个管理层次中，各项调度指令由公司总调度室下达给车场调度室，再由车场调度室落实到车队调度组执行，在一般情况下，由车场调度室直接负责执行该车场运营区域内的调度指挥职能。

3. 职责分工

这三个层次的调度机构，在客流调查、计划编制和现场调度方面具体分工如下。

1）客流调查

（1）总公司调度室负责。

① 全市客流调查的组织实施与资料分析；

② 全市普客与月票客流量资料的定期分析；

③ 全市大客流的集散资料分析；

④ 汇编和分析全市区域性的客流动态资料。

（2）车场调度室负责。

① 对管辖线路客流调查与资料的分析，特别是"三高"（高峰时间、高单、高断面客流量）资料的收集整理分析，为编制和调整行车作业计划提供数据；

② 定期掌握区域性客流量动态资料。

（3）车队调度组负责。

① 所管辖线路客流调查、资料分析和"三高"资料的收集。

② 所管辖线路沿线主要职工上下班情况等资料的调查、收集与整理。

2）计划调度

（1）公司总调度室负责。

① 颁布编制行车作业计划的规范。

② 制定行车调度原则和场际跨线联运、两场两点出车等调度方案。

③ 审核各车场编制的行车作业计划和调度措施。

④ 制定全市性大客流的调度专用方案和措施。

（2）车场调度室负责。

① 制定所管辖线路行车作业计划和制定调度措施，并附有关客流资料上报公司总调度室审核。

② 制定所管辖区域大客流的调度专用方案和措施。

（3）车队调度组负责。

① 参与编制所管辖线路的行车作业计划。

② 贯彻、执行线路行车作业计划和具体措施。

3）值班调度

（1）公司总调度室负责。

① 随时了解和掌握各场线路的运营情况，发现问题及时处理，并有权调度各场线路的车辆和人员。

② 每日检查各场线路运营计划执行情况。

③ 组织全市性大客流调度专用方案的实施，检查各车场、有关车队执行情况。

(2) 车场调度室负责。

① 调派所管辖线路的值勤人员（司、售、线站调度员等）和运营车辆。

② 随时了解和掌握所管辖线路的运营情况，发现问题及时处理，并有权调度本场车辆。

③ 每日检查本场线路运营计划执行情况。

④ 贯彻、执行、检查区域性专用调度方案和措施。

⑤ 处理本场所管辖的临时性改道、延长、缩短线路及迁移站点等事项。

(3) 车队调度组负责。

① 切实贯彻执行行车作业计划，在客流发生变化时，按照调度管理责任制的规定，有权增加和减少行车班次、抽调车辆，并应及时向车场调度室汇报。

② 遇到行车秩序不正常时，应采取措施使之及时恢复。

③ 具体处理所管辖线路临时性的改道、延长、缩短线路和迁移站点等事项。

任务 3.2 行车作业计划编制

行车作业
计划编制

3.2.1 拟完成的任务

根据公交客流调查和线路车辆配置情况，编制某公交线路行车作业计划时刻表。该公交线路常规配置 12 台车辆，其他基础数据如表 3-1 所示。

表 3-1 公交线路基础数据表

调查时段	高单向高断面通过量/（人次/h）	满载率定额	车厢定员容量/人	单程时间定额/min	首末站停站时间定额/min
6:00—7:00	368	80%	80	24	6
7:00—8:00	824	95%	80	28	7
8:00—9:00	759	95%	80	28	7
9:00—10:00	586	85%	80	28	7
10:00—11:00	490	85%	80	28	7
11:00—12:00	378	75%	80	24	6
12:00—13:00	304	65%	80	24	6
13:00—14:00	326	65%	80	24	6
14:00—15:00	356	70%	80	24	6

续表

调查时段	高单向高断面通过量/(人次/h)	满载率定额	车厢定员容量/人	单程时间定额/min	首末站停站时间定额/min
15:00—16:00	385	70%	80	24	6
16:00—17:00	427	75%	80	24	6
17:00—18:00	769	95%	80	28	7
18:00—19:00	964	95%	80	28	7
19:00—20:00	528	85%	80	28	7
20:00—21:00	325	65%	80	24	6

3.2.2 任务目的

（1）会组织公交客流量调查分析，能够编制线路行车作业计划；
（2）掌握运行参数变化对车辆运行及服务水平的影响；
（3）培养良好的公交服务以人为本理念，增强社会责任感，践行和谐交通出行服务。

3.2.3 相关配套知识

3.2.3.1 运营车辆运行定额

运营车辆运行定额是城市公交企业中一项重要的技术经济指标，它跟行车作业计划编制、线路调度工作落实和企业的经营效果等方面密切相关，确定车辆运行定额是一项细致的工作，要由运营组织的负责人或专业人员，在分析公交线路实际情况的基础上适当地确定，既不能过高，又不能过低。运营车辆运行定额主要包括以下几个方面的内容。

1. 单程时间

单程时间是指车辆在一个单程的运输工作中，由始发站发车开始到终点站停靠为止所耗费的时间，包括一个单程中的单程行驶时间和中间站停站时间及其他延误时间，即

单程时间＝单程行驶时间＋中间站停站时间＋延误时间

（1）单程行驶时间。单程行驶时间是指车辆在一个单程中沿线各路段（站段）行驶时间之和。其中路段（站段）行驶时间是指车辆从路段一端的停靠站起步开始，经过加速行驶、稳定行驶、减速停车到达路段另一端的停靠站完全停车为止所耗费的全部时间。

影响单程行驶时间的因素主要有：车辆的技术速度，车辆的加减速性能，驾驶员的驾驶技术，载客量，路面状况，交通状况以及沿路交叉口的交通控制等情况。

通常，单程行驶时间的确定可以采用实际观测统计的方法，原则上应该分路段与时间段进行：① 在不同季节或时期内，按照不同路段与时间分布规律来确定其行驶时间；② 相对不同路段与时间段，取其平均值作为标定行驶时间的依据；③ 根据沿线交通情况，按各时间段分别确定行驶时间定额，例如在交通情况比较稳定时，可以只按照高、平、低的客流峰别分别确定即可。

（2）中间站停站时间。中间站停站时间是指车辆在中间站完全停车后经过开门、乘客上下车以及乘客上下车完毕后关门后至起车前的全部停歇时间。

影响中间站停车时间的主要因素有：中间停靠站的交通状况（如到站车辆的数量），驾驶员在停车后开关车门的准备，旅客上下车的速度以及上下车旅客的数量等。

根据大量的统计观测表明，停车后至开车门关车门后至起车前的准备时间，平均每站（或站段）6 s 左右；平均每次旅客上下车时间为：一个车门的客车约需 1.5 s 上下车，两个车门的客车约需 0.9 s 上下车，三个车门的客车约需 0.7 s 上下车。

（3）延误时间。车辆在行驶过程中，会因交叉口信号控制、交通拥堵状况等各种情况产生延误，这些延误的时间称为延误时间。

2. 首末站停站时间

首末站停站时间是指车辆在线路的起始站和终点站的停站时间，包括调动车辆、签发行车路单、清洁车辆、行车人员休息、交接班、旅客上下车以及停站调整车辆间隔等所必需的停歇时间。在客流的高峰期和平峰期，对首末站停站时间有不同的要求，一般可以作以下考虑。

（1）高峰期首末站停站时间。客流高峰期间，为了加速车辆的周转，首末站停站时间的确定应尽量考虑首末站停站最小时间，若无特殊情况，则车辆在首末站的停站时间不应该大于当时行车间隔时间的 2~3 倍。

（2）平峰期首末站停站时间。在客流平峰期间，首末站停站时间需要考虑清洁车辆、行车人员休息、调整车辆间隔、交接班以及车辆例行保养等，适当确定。

在通常情况下，以单程时间为准，按下列公式确定平峰期首末站停站时间：

单程时间为 10~40 min 时

$$平均停站时间 = 4 + 0.11 \times 单程时间$$

当单程时间为 40~100 min 时

$$平均停站时间 = 0.21 \times 单程时间$$

在平峰期内还需要规定每一辆正班车的上下午车班内，各有一次行车人员的就餐时间，每次以 15~20 min 为宜。

多数城市在夏天伏天中气温较高，一般在每日下午开始后一段时间内气温最高，此时应该适当增加首末站停站时间,以保证行车人员必要的休息,但增加时间一般不宜超过原停站时间的 40%。

3. 周转时间及周转系数

车辆从起始站出发,运行到达终点站后再运行回到起始站,称为一个周转。周转时间是上下行单程时间、首末站停站时间之和。周转系数是指单位时间内(如 1 h)车辆完成的周转次数,它与周转时间呈倒数关系。计算公式为

周转时间 = 起点站和终点站停站时间 + 上行单程时间 + 下行单程时间

$$周转系数 = \frac{60}{周转时间}$$

由于在一日之内,沿线客流和道路交通量的变化具有时间分布的不均匀性,因此车辆的沿线周转时间需要根据不同的客流峰别分别确定。而在早晚客运低峰以及各峰期之间的过渡时间段,为了在满足客流需要前提下尽量减少运力的浪费,线路车辆数或发车次数将有明显的增减变化。此时,为了便于组织车辆运行,允许期间的车辆周转时间可在一定范围内变化,即规定期间的周转时间为一区间值。因此,各不同客运峰期内的周转时间应该尽可能与该峰期的总延续时间相匹配,或各不同峰别的相邻时间段的周转时间与相应时间段的总延续时间段相协调。

4. 计划车容量

计划车容量定额是行车作业计划限定的车辆载客容量。计划车容量是根据计划时间内线路客流的实际需要、行车经济性要求和运输服务质量标准来确定的计划要完成的单车载客容量(单位:人/车),采用下列公式来计算:

计划车容量 = 车厢定员人数 × 满载率定额

其中,

(1) 满载率定额,一般高峰期取 0.8~1.1,平峰期取 0.5~0.6。

(2) 车厢定员人数首先取决于车辆载重量的大小,而对于确定载重量和车厢有效面积的车辆,则主要取决于座位数与站位数之间的比例。由于各不同公交车线路的旅客乘车时间不同,所以考虑采用运营车辆的座位比例也有所不一样:市内线路车辆的座位比例约为 1:(2~3)为宜;郊区线路车辆的座位比例约为 1:(0.5~0.7)为宜;而长途线路则不应该设站位。不同车型的客车都有规定的车厢定员人数,城市公交车辆的车厢定员人数,可以采用下列公式计算:

车厢定员人数 = 固定座位数 + 站位面积 × 每平方米站位定额

公式中的每平方米站位定额,一般按照 8~9 人/m² 计算。

3.2.3.2 行车作业计划编制参数

运行参数计算

线路运营车辆的运行参数主要包括线路车辆数、正加班车数、行车间隔等。

1. 线路车辆数

线路车辆数是指组织运营所需要的车辆总数与营业时间内各时间段所需要的车辆数（单位：辆）。其基本计算公式为

$$线路车辆数 = \frac{最高路段单向通过量}{计划车容量 \times 周转系数}$$ 或者

$$线路车辆数 = \frac{最高路段单向通过量}{车厢定员人数 \times 满载率定额 \times 周转系数}$$

（1）运营车辆数最大限值。

$$运营车辆数最大限值 = \frac{周转时间}{行车间隔允许最小值}$$

在各运营时间段内，客运高峰时间段内所需要的车辆数最大，此时线路车辆总数称为线路最大车辆数。考虑线路具体情况，线路最大车辆数量不能超过上限值，即运营车辆数最大限值。

（2）运营车辆数的最小限值。

$$运营车辆数最小限值 = \frac{周转时间}{行车间隔允许最大值}$$

而在客运低峰时间段所需的车辆数最少，此时线路车辆总数称为最低线路车辆数。考虑客运服务质量需要，线路最小车辆数量不能少于下限值，即运营车辆数最小限值。

（3）线路车辆数的调整值。线路车辆数的计算值是根据客流大小计算出来的理论需要的车辆数值。该数值按照上述公式计算得到。但是在编制行车作业计划时，需要对线路车辆数进行调整，即实际配备的车辆数，是指在线路车辆数计算值的基础上，考虑各种实际情况而得到的实际应用的车辆数值。

在确定线路车辆数值时，可以根据线路车辆数的"计算值"结果，按照一定的原则（如四舍五入原则）取整数作为线路车辆数的"调整值"，例如，如果计算值为 20.8 台，则取调整值为 21 台或 20 台；也可以适当考虑线路实际支配的运力情况、工作班制、工作效率以及服务水平等因素，尽量取一个与"计算值"相接近的整数作为"调整值"，例如计算值为 20.8 台，但是线路实际可以支配的车辆只有 18 台，则调整值也只能为 18 台。

2. 行车频率

行车频率是指线路在单位时间内通过的车辆次数（单位：车次/h）。行车频率与乘客量成正比，与计划车容量成反比。

（1）行车频率的计算值。其计算公式为

$$行车频率 = \frac{最高路段单向通过量}{计划车容量} = 线路车辆数 \times 周转系数$$

$$行车频率 = \frac{60}{平均行车间隔}$$

行车频率的计算值是指在分组时间内，可以发出车次的理论数值，该数值按以下公式计算得到

$$行车频率的计算值 = 线路车辆数的调整值 \times 周转系数$$

（2）行车频率的调整值。行车频率的调整值，即行车频率的实际值，是指在分段时间内发出车次的实际值。其数值按照这样的方法来确定：根据"行车频率的计算值"，将该数值结果的小数部分舍去，而该数值的整数部分就作为行车频率的"调整值"，如行车频率的计算值为 20.8 车次化，则行车频率的调整值为 20 车次/h。必须特别注意的是，这里的调整不能采用四舍五入的原则来处理小数，只能将小数部分全部舍去来取整数。

3. 行车间隔

行车间隔是指正点行车时，前后两辆车到达（或离开）同一站点的时间之差，又称为车距，单位为"min/车次"。

（1）行车间隔的计算。

$$行车间隔 = \frac{周转时间}{线路车辆数}$$

或者

$$行车间隔 = \frac{某时段}{该时段内发车的次数}$$

一般情况下，行车间隔允许的最大值取决于客运服务质量。例如，公交车服务质量要求行车间隔不应大于 15～20 min。而行车间隔允许最小值则应该满足在行车秩序正常的情况下，对大中城市客运高峰线路，行车间隔允许最小值一般不低于1～3 min。

（2）行车间隔的分配。行车间隔的分配是指对行车间隔计算值的分配，对呈现小数的行车间隔值取整数处理，并使之确定为适当数值便于行车掌握，或者，根据实际需要将一个整数行车间隔分为其他大小不同的整数行车间隔的过程。

【例3-1】如果在周转时间 48 min 内发出运行车辆台数为 11 辆，则行车间隔的计算值为 4.36 min；由于 4.36 min 不易掌握，可将其分配为 4 min 和 5 min 两种大小不同的行车间隔。

解答：按照公式可得行车间隔为 4.36 min/车次，有小数，不好实际操作，则可以分别取区间上下整数进行标定，即可将其分配为 4 min 行车间隔的车辆数为 x 辆，5 min 行车间隔的车辆数为 y 辆，则有二元一次方程组：

$$x + y = 11$$
$$4x + 5y = 48$$
$$x = 7$$

可得：
$$y = 4$$

最后，一般将其分配结果记为
$$t_0 = \sum (行车间隔 \times 车次数)$$

即 48 min = 4 min/车次 × 7 车次 + 5 min/车次 × 4 车次。

（3）行车间隔的排列。行车间隔的排列是指根据客流需要和一定的原则，将分配得到的大小不同的行车间隔进行排列的行为。排列的目的是使运营发放车次更加符合客流变化的动态趋势。行车间隔排列的原则主要有以下三种。

①按照从小到大的顺序排列。在客流高峰向客流低峰过渡时，适宜采用这种排列方式。

②从大到小按顺序排列。在客流低峰向客流高峰过渡时，适宜采用这种排列方式。

③大小相间排列。在客流变化不大时，可以采用这种镶嵌来使得各行车间隔排列均匀。

（4）行车间隔的调整值。行车间隔的实际平均值是指在分段时间内实际发车时前后两车的平均时间间隔。该数值可以按以下公式确定：

$$行车间隔的实际平均值 = \frac{某时段}{该时段内的行车频率调整值}$$

在设计行车间隔的分配与排列方案时，其具体方案很多。在设计时，除了考虑客流需要外，还应该考虑保持前后各时间段之间的行车间隔的"均匀有序"，以尽量避免在以后编制计划的车辆路牌时出现矛盾的可能；对于计划中出现行车间隔跟实际客流需要不十分吻合的情况，是可以通过实际运营工作中的现场调度来解决的。

4. 运营速度

运营速度是指车辆在线路上往返行驶时的周转速度，单位为"km/h"。其计算公式为

$$运营速度 = \frac{上行线路长度 + 下行线路长度}{周转时间}$$

运营速度的高低，直接关系到乘客乘车的方便程度，也是组织线路运营的重要参数之一。

3.2.3.3 行车作业计划的编制

城市公交车的行车作业计划，是指公交企业在已定线网布局的基础上，根据运输生产要求和客流基本变化规律，编制的指导线路运输作业的计划，是企业组织运营生产的

基本文件。它具体规定了公交企业的基层运输单位和车组在计划期内应该完成的一系列工作指标，为线路运营管理和调度工作提供依据，为旅客乘车创造良好条件。

1. 编制原则

（1）依据客流动态变化规律，以最大限度地方便和最短的时间，安全运送旅客。

（2）调度形式的选定，要适应客流需要和有利于加快车辆周转，提高运营效率。

（3）充分挖掘车辆的运营潜能，不断提高劳动生产率。

（4）组织有计划、有节奏、均衡的运输秩序。

（5）在不影响服务质量的前提下，兼顾职工劳逸结合，安排好行车人员的作息时间。

（6）根据季节性客流量变化来适时调整计划，并根据每周、每日的不同客流量，应该制定并执行不同的计划安排。

2. 编制程序

（1）线路客流调查。通过线路客流调查，取得有关客流分布数据，一般地，行车作业计划可以每个季度修订一次，也可以冬夏两季各修订一次。每次编制行车作业计划之前需要进行一次客流调查，可以进行全线路全日情况的综合调查，也可以根据实际需要只进行部分路段、站点、平峰期或高峰期的调查，以准确取得编制行车作业计划的基本数据。

调度形式选择

（2）选择合适的调度形式。根据客流调查结果，分析线路在时间上、路段（站段）上、方向上及站点上的分布情况，选定适当的调度形式。当有几种调度形式可以选择而不能取舍时，可以先采用其中一种，通过实践检验与对比，然后再进行合理取舍。

（3）确定线路原始数据。在已经选定了调度形式的基础上，分别确定运营线路的各项原始数据，包括线路长度、首末车时间、收发车地点、空驶里程、车辆类型、最大客位数、单位运输成本、运营时间内各段时间的最高路段（站段）客流量、运营时间内各段时间的周转时间以及其他数据。

（4）计算运行参数。运行参数的计算是一个包括初值计算、数值调整和确定参数终值等反复比较并选择的过程。计算车辆数与初选调度形式时，如果所分配的车辆数有较大的出入，则应该调整调度形式。计算调整的内容包括：计算各段时间的行车频率，计算线路车辆数、计算线路日最大车辆数、各段时间车辆数及各种调度形式的车辆数，调整行车频率，根据调整后的行车频率来调整各个时段的行车间隔，确定各时段的行车间隔分配与排列方案。

（5）汇总初算结果。将以上初步计算得到的各时段的主要参数进行汇总，包括最高路段客流量、满载率定额、行车间隔、周转时间及周转系数、车辆数以及各种调度形式的分配比例、行车间隔与分配方案等。为了便于审核和排列行车时刻表，可以将汇总结果列成表格的形式。

（6）编制行车作业时刻表。根据主要运行参数、指标及汇总资料，编制各分段时间内各车次的行车时刻序列。

（7）计算日运行指标。编制好行车作业计划表后，需要进行线路车辆日运行指标的计算，以作评价之用。线路日运行指标主要包括：行驶里程、运营行驶里程、运营车时、运营车速、车次总数、车班工时利用率、平均车班公里、平均车班工时、满载率、里程利用率以及运营成本等。

（8）试行、审核及修改。初步编制好行车作业计划以后，需要对其可行性、运转服务的工作效果及经济效果进行审核分析，看是否符合要求，以便以后核准执行。主要内容包括：计划规定的车次数与调度形式对客流的适应情况，收发车时间安排，车班工时利用情况，运营车速及运转成本概算结果。审核以后，可以在线路试行，对于试行中发现的问题要认真研究，并加以修改，直至适应运营线路的实际情况。

（9）实施执行。调度部门编制的行车作业计划，经过调度室核准后实施。车队应该制定详细具体的执行措施。

凡是在同一区域内行驶的不同场队的线路由公司总调度室组织协调，各车场调度室应该按下达的要求贯彻落实各自的调度措施。

行车作业计划，要在实施前报送（并附有关定额指标的执行情况表）到公司总调度室进行备案并审核；修改计划时，也是按这个程序来进行。

3. 编制内容

城市公共汽车的行车作业计划，是在既定线网布局的基础上，根据运输生产计划要求和客流变化规律编制的生产性作业计划，其主要内容为各种行车时刻表。编制行车作业计划，就是根据汇总的主要运行参数资料来排列各分段时间内的车次的行车时刻序列。行车时刻表的基本类型，主要包括以下三种。

（1）车辆的行车时刻表。车辆的行车时刻表是指按照行车班次制定的车辆沿线运行时刻表。表中规定了该班次车辆的出场（库）时间、在一个车班内（或一日内）需要完成的单程次数以及回场时间等信息。如果必要，还可以规定每次周转或单程中到达沿线各站的时间与开出时间。

行车时刻表是根据各行车班次（路牌）制定的，即同一运营线路中每天出车序号相同的车辆按照同一时刻表运行。

（2）车站的行车时刻表。车站的行车时刻表是指线路首末站及调度中途站的行车时刻表。它规定了在该线路中行驶的各班次车辆的每次单程的到达和开出时间、车辆的行车间隔、人员换班时间以及就餐时间等内容。

（3）线路的运行示意图表。线路的运行示意图通常采用横线示意图，这种横线图是通过勾画出各分组时间内所需的行车班次而得到的线路车辆全日运营总布局的简易图表。在勾画简易图表时，可以先计算出行驶总班次、行车公里以及所需要配备的行车人员等信息，然后具体计算出每个班次的日车公里、工时利用是否恰当、行车人员作息时间的安排是否合理等，以便为具体编制行车作业计划提供方便。图中可以用横线（称为车辆线）表示运营车辆数量，横线经过一个竖格即为一个班次，这些班次的总和就是全日行驶的班次总数。每个周转时间列中的所有横线段数量就是表示某发车站在一个周转时间内发出的班次总数。正式编制时，只需要将每个方格中的横线改为每班车的具体发车时刻，就可以得到一个反映全线路运行情况的运行示意图表。

4. 编制技巧

（1）起排行车路牌。行车路牌是指车辆在线路中运行的次序或秩序，车辆的路牌号也称为车辆运行的次序号。行车路牌的起排方法主要有两种。

① 从头班车开始的起排方法。在行车次序排列表（表 3-3）中，从头班车的时间开始，按照时间段顺序，从上而下，从左而右，依次填写每个车次的运行时刻，直到末班车为止。

② 从最高峰开始的起排方法。在行车次序排列表（表 3-3）中，从最高峰配足车辆的时间段开始安排车序，然后向前套排到头班车，向后套排到末班车。

采用上述任一方法排好全表后，再按照车辆先后次序确定好路牌的序列号，如"1.2.3，…"或"正班1，正班2，正班3，…，加班1，加班2，加班3，…"，并填写各车路牌车辆的进出场（库）时间。但是要注意，车辆的安排方式要跟行车人员的工作班次相适应。

（2）行车间隔的排列。行车间隔要按分组时间段除以该时间段内安排运行的车次数的计算方法来求得，为了保持行车均匀有序，不能随便变动，防止行车间隔不均匀。

（3）增减车辆的安排。线路上运行的车辆，是随客流量的变化有增有减的。车辆的增加或减少，必须考虑前后行车间隔的均衡，做到既不损失时间又不产生车辆周转不灵，做到均匀增减车辆，还要做到虽然车数、车距有变化，但车辆运行仍然均衡有序。

（4）行车人员的用餐时间安排。线路行车人员的用餐时间，一般以 15～20 min 为宜，其具体安排可以考虑以下三种方法：增加劳动力的方法；增加车辆来代替因用餐而停驶的车辆；既不增加车辆也不增加劳动力，用拉大行车间隔的方法来挤出用餐时间。

在安排线路人员的用餐时间时，要考虑用餐时间内客流量的平衡情况和供需适应情况，尽量避开客运高峰；要综合考虑运营服务质量、车时利用情况、行车人员劳动保健以及运营经济效益等。

（5）多种调度形式的计划安排。在编制行车作业计划时，若线路存在多种调度形式的组织，如既有全程车又有区间车，由于各种车辆的周转时间不一样，则不仅要注意各种车辆的行车间隔时间均衡，而且要求各种车辆要配合协调、间距合理、发挥效能。

（6）行车人员工作时间的安排。行车人员工作时间的安排，既要服从客流变化的需要，又要注意各行车班次的工作时间平衡、行车人员工作时间能合理利用以及劳逸结合等要求。

5. 注意事项

在编制行车作业计划时，应该特别注意以下事项。

（1）确定各车辆路牌时，应该考虑当晚车辆在车场（库）的停放方式是否与次日行

（2）根据客流沿时间分布的不均匀性来进行增加或减少车辆时，必须注意保持行车间隔均匀有序，以避免产生车时浪费和周转不及时。

（3）安排有关行车人员就餐时，应该综合考虑运输服务质量、车时利用、行车人员劳动保健以及运营经济效果等因素。

（4）行车人员工作时间的安排，既要服从客流变化的需要，又要注意各行车班次工作时间的平衡，注意行车人员工作时间的合理利用及劳逸结合。

（5）公共汽车的行车时刻表应该与公共客运等其他形式的行车时刻表相协调。

（6）在具体编制过程中，若发现有关运行参数的初算值不符合要求，则应该予以修正，直到符合为止。

（7）在行车作业时刻表编制好后，需要对其可行性、运输服务效果和经济效益进行审核、分析，以便最终审定并执行。

3.2.3.4 设计示例

表3-2资料是一条线路数据的汇总处理结果。说明：本线路本方向可支配的车辆总数为12台。

表3-2 线路客流调查基础数据表

序号	时段	高单向高断面通过量/(人次/h)	满载率定额/%	车厢容量/(人/台)	周转时间定额/min	单程时间定额/min	首末站停站时间定额/min	周转系数	线路车辆数/台		周转时间内行车间隔	
									计算值	调整值	计算值/(min/车次)	分配与排列方案
1	6—7	242	50%	72	60	24	6	1	6.7	6	10	60 min = 10 min/车次×6车次
2	7—8	680	90%	72	70	28	7	0.9	12.2	12	5.8	70 min = 5 min/车次×2车次 + 6 min/车次×10车次
3	8—9	676	90%	72	70	28	7	0.9	12.2	12	5.8	70 min = 5 min/车次×2车次 + 6 min/车次×10车次
4	9—10	410	80%	72	70	28	7	0.9	8.3	8	8.8	70 min = 8 min/车次×2车次 + 9 min/车次×6车次

续表

序号	时段	高单向高断面通过量/(人次/h)	满载率定额/%	车厢容量/(人/台)	周转时间定额/min	单程时间定额/min	首末站停站时间定额/min	周转系数	线路车辆数/台 计算值	线路车辆数/台 调整值	周转时间内行车间隔 计算值/(min/车次)	周转时间内行车间隔 分配与排列方案
5	10—11	230	50%	72	60	24	6	1	6.4	6	10	60 min = 10 min/车次×6 车次
6	11—12	225	50%	72	60	24	6	1	6.3	6	10	60 min = 10 min/车次×6 车次
7	12—13	218	50%	72	60	24	6	1	6.1	6	10	60 min = 10 min/车次×6 车次
8	13—14	238	50%	72	60	24	6	1	6.6	6	10	60 min = 10 min/车次×6 车次
9	14—15	240	50%	72	60	24	6	1	6.7	6	10	60 min = 10 min/车次×6 车次
10	15—16	208	50%	72	60	24	6	1	5.8	6	10	60 min = 10 min/车次×6 车次
11	16—17	588	80%	72	70	28	7	0.9	11.9	12	5.8	70 min = 5 min/车次×2 车次 + 6 min/车次×10 车次
12	17—18	735	90%	72	70	28	7	0.9	13.2	12	5.8	70 min = 5 min/车次×2 车次 + 6 min/车次×10 车次
13	18—19	378	80%	72	60	24	6	1	6.6	7	8.6	70 min = 8 min/车次×2 车次 + 9 min/车次×6 车次
14	19—20	220	50%	72	60	24	6	1	6.1	6	10	60 min = 10 min/车次×6 车次
15	20—21	160	50%	72	60	24	6	1	4.4	4	15	60 min = 15 min/车次×4 车次

1. 行车次序的排定

（1）发车时刻的排定。这里的发车时刻是指根据行车计划预先安排好的车辆从一个既定起始站发出的时刻。发车时刻的排定方法为：按照已经设计好的各时间段内的"行车间隔分配与排列方案"，从该时间段开始的时刻依次列出各发车时刻。例如，5:00—6:00 时段的行车间隔分配与排列方案为 7 min/车次×2 车次＋6 min/车次×1 车次＋7 min/车次×2 车次＋6 min/车次×1 车次＋7 min/车次×2 车次＋6 min/车次×1 车次，该时段的开始时刻为 5:00，则该时段各车次的具体发车时刻依次为：5:00，5:07，5:13，5:20，5:27，5:33，5:40，5:47，5:53。

（2）到发时刻的排定。这里的到发时刻是指车辆在经过前一个运行周转后可以进行下一个运行周转的最早时刻，即上一个运行周转的结束时刻。其计算公式如下：

$$某到发时刻 = 前一个运行周转的发车时刻 + 该周转的周转时间$$

例如，在 5:00—6:00 时段中的一个发车时刻为 5:00，该时段内车辆的周转时间为 40 min，则该车辆紧接的到发时刻为 5:40，即该车辆最早在 5:40 就可以运行下一个周转。

2. 排定行车次序的方法

在列出各时段车次的发车时刻和到发时刻后，就可以开始排定行车次序了。其方法主要有以下两种。

（1）从头班车的起排方法。在行车次序排列表（表 3-3）中，从头班车的时间开始，按照时间段顺序，从上而下，从左而右，依次填写每个车次的运行时刻，直到末班车为止。

（2）从最高峰开始的起排方法。在行车次序排列表（表 3-3）中，从最高峰配足车辆的时间段开始安排车序，然后向前套排到头班车，向后套排到末班车。

排定行车次序的注意事项：

在排定某个时段的行车次序时，需要认真考虑该时段内配备投放的车辆数是否与发车频率吻合，如果不吻合则说明有车辆在同一时段内发车不止一次，切勿遗漏考虑在该时段内有些车辆可以发出两个及以上车次的情况。根据就近原则，考虑前一个车次的到发时刻和下一个车次的发车时刻是否吻合。如果某车辆前一个车次的到发时刻可以连接其后的多个发车时刻，则选择最接近该到发时刻的那个发车时刻，作为该车辆的发车时刻序列。

3. 判断正班车和加班车

根据工作班制，一般一个工作班的时间不超过 8 h。正班车在运营时间内连续在线运行的时间超过一个工作班；而加班车一般只在运营时间内某时段才进入线路，其在线连续运行时间少于一个工作班。有些加班车虽然在一天内的总运行时间不止一个工作班，但是其在线运行时间不是连续的，而是间断的。

4. 确定路牌序号

按照各车辆的头车次发车时间的先后次序，给定正班车的路牌号分别为"正 1，正 2，正 3，…"，而给定加班车的路牌号则分别为"加 1，加 2，加 3，…"。

5. 设计示例

根据表 3-2 资料，排列得到各时间段在参照站点"学校"的发车时刻和到发时刻，如表 3-3 所示。然后根据表 3-3 的时刻，采用"头班车起排"的方法，得到车辆在参照站点"学校"的发车时刻车序（路牌序），如表 3-4 所示。

表 3-3 行车次序排列表（起排参照站点：学校　　起排参照基准：6:00）

周转车次	第1周转 6:00—7:00 (60 min)		第2周转 7:00—8:10 (70 min)		第3周转 8:10—9:20 (70 min)		第4周转 9:20—10:30 (70 min)		第5周转 10:30—11:30 (60 min)		第6周转 11:30—12:30 (60 min)		第7周转 12:30—13:30 (60 min)		第8周转 13:30—14:30 (60 min)	
	发车时刻	到发时刻	发车时刻	到发时刻	发车时刻	到发时刻	发车时刻	到发时刻	发车时刻	到发时刻	发车时刻	到发时刻	发车时刻	到发时刻	发车时刻	到发时刻
1	6:10	7:10	7:05	8:15	8:15	9:25	9:28	10:38	10:40	11:40	11:40	12:40	12:40	13:40	13:40	14:40
2	6:20	7:20	7:10	8:20	8:20	9:30	9:36	10:46	10:50	11:50	11:50	12:50	12:50	13:50	13:50	14:50
3	6:30	7:30	7:16	8:26	8:26	9:36	9:45	10:55	11:00	12:00	12:00	13:00	13:00	14:00	14:00	15:00
4	6:40	7:40	7:22	8:32	8:32	9:42	9:54	11:04	11:10	12:10	12:10	13:10	13:10	14:10	14:10	15:10
5	6:50	7:50	7:28	8:38	8:38	9:48	10:03	11:13	11:20	12:20	12:20	13:20	13:20	14:20	14:20	15:20
6	7:00	8:00	7:34	8:44	8:44	9:54	10:12	11:22	11:30	12:30	12:30	13:30	13:30	14:30	14:30	15:30
7			7:40	8:50	8:50	10:00	10:21	11:31								
8			7:46	8:56	8:56	10:06	10:30	11:40								
9			7:52	9:02	9:02	10:12										
10			7:58	9:08	9:08	10:18										
11			8:04	9:14	9:14	10:24										
12			8:10	9:20	9:20	10:30										

周转车次	第9周转 14:30—14:30 (60 min)		第10周转 15:30—16:30 (60 min)		第11周转 16:30—17:40 (70 min)		第12周转 17:40—18:50 (70 min)		第13周转 18:50—19:50 (60 min)		第14周转 19:50—20:50 (60 min)		第15周转 20:50—21:50 (60 min)	
	发车时刻	到发时刻	发车时刻	到发时刻	发车时刻	到发时刻	发车时刻	到发时刻	发车时刻	到发时刻	发车时刻	到发时刻	发车时刻	到发时刻
1	14:40	15:40	15:40	16:40	16:35	17:45	17:45	18:55	18:58	19:58	20:00	21:00	21:05	22:05
2	14:50	15:50	15:50	16:50	16:40	17:50	17:50	19:00	19:06	20:06	20:10	21:10	21:20	22:20
3	15:00	16:00	16:00	17:00	16:46	17:56	17:56	19:06	19:14	20:14	20:20	21:20	21:35	22:35
4	15:10	16:10	16:10	17:10	16:52	18:02	18:02	19:12	19:23	20:23	20:30	21:30	21:50	22:50
5	15:20	16:20	16:20	17:20	16:58	18:08	18:08	19:18	19:32	20:32	20:40	21:40		
6	15:30	16:30	16:30	17:30	17:04	18:14	18:14	19:24	19:41	20:41	20:50	21:50		
7					17:10	18:20	18:20	19:30	19:50	20:50				
8					17:16	18:26	18:26	19:36						
9					17:22	18:32	18:32	19:42						
10					17:28	18:38	18:38	19:48						
11					17:34	18:44	18:44	19:54						
12					17:40	18:50	18:50	20:00						

表3-4 车站发车时刻车序（时间参照站点：学校）

各周转车序号	0	1	2	3	4	5	6	7	8	9	10	11	12	13	14	15	16
		发车时刻	发车时刻	发车时刻	发车时刻	发车时刻	发车时刻	发车时刻	发车时刻	发车时刻	发车时刻	发车时刻	发车时刻	发车时刻	发车时刻	发车时刻	发车时刻
加班1	入线	6:10	7:10	8:20	退线							入线	16:35	17:45	18:58	20:00	21:05	退线
正班1	入线	6:20	7:22	8:32	9:45	11:00	12:00	13:00	14:00	15:00	16:00	17:04	18:14	退线			
正班2	入线	6:30	7:34	8:44	9:54	11:10	12:10	13:10	14:10	15:10	16:10	17:10	18:20	19:32	20:40	退线	
正班3	入线	6:40	7:40	8:50	10:03	11:20	12:20	13:20	14:20	15:20	16:20	17:22	18:32	退线			
正班4	入线	6:50	7:52	9:02	10:12	11:30	12:30	13:30	14:30	15:30	16:30	17:34	18:44	退线			
加班2	入线	7:00	8:04	9:14	退线						入线	16:46	17:56	19:06	20:10	退线	
正班5		入线	7:05	8:15	9:28	10:40	11:40	12:40	13:40	14:40	15:40	16:40	17:50	退线			
正班6		入线	7:16	8:26	9:36	10:50	11:50	12:50	13:50	14:50	15:50	16:52	18:02	19:14	20:20	21:20	退线
加班3		入线	7:28	8:38	退线						入线	16:58	18:08	19:23	20:30	21:35	退线
加班4		入线	7:46	8:56	退线						入线	17:16	18:26	19:41	退线		
加班5		入线	7:58	9:08	10:21	退线					入线	17:28	18:38	19:50	20:50	21:50	退线
加班6		入线	8:10	9:20	10:30	退线					入线	17:40	18:50	退线			

6. 编排车辆的行车时刻表

（1）关键站点的选定——入线站点。入线站点是指在运营车辆投放入线路运行时的第一个车次的对应站点，即车辆进入线路的第一个发车站点。

（2）关键站点的选定——离线站点。离线站点是指在运营车辆退出运行线路时的站点，即车辆是从那个站点返回车场的。

(3) 选定入线站点和离线站点的影响因素。在选择车辆的入线站点和离线站点时，通常会综合考虑所在时间段的上、下行客流量大小；车辆所在停车场（库）和入线站点之间的距离；运营线路沿线乘客对服务时间的要求以及线路投放运力是否方便和经济等因素。对于加班车，由于存在多次进出线路运行的情况，所以根据实际需要，加班车的入线站点和离线站点会不一样。

(4) 出场时刻的确定。车辆运行的关键时刻主要有计划的出场时刻、入线时刻、离线时刻、入场时刻以及各车次的到站时刻与发车时刻。

出场时刻是指车辆从停车场进入运营线路时在停车场的发车时刻。计算公式为

出场时刻＝车辆入线的第一个发车时刻＋首末站停车时间定额－停车场与入线站点之间的单程时间定额

(5) 入线时刻的确定。入线时刻是指车辆进入运营线路时到达第一个发车站点的时刻。计算公式如下

入线时刻＝车辆入线的第一个发车时刻－首末站停车时间定额

(6) 离线时刻的确定。离线时刻是指车辆从线路运营中退出时离开线路的时刻。具体计算公式为

离线时刻＝车辆最后一个车次的到站时刻＋首末站停站时间定额

(7) 回场时刻的确定。回场时刻是指车辆从线路返回并到达停车场（库）的时刻。计算公式为

回场时刻＝离线时刻＋停车场与离线站点之间的单程时间定额

(8) 发车时刻的确定。这里的发车时刻是指每个车次从起始站发车的计划时刻。对于每个周转而言，其发车时刻有两个，一个是每次周转的起始站的发车时刻，这个时刻一般已经由行车间隔分配与排列方案给出；而另一个是每次周转的终点站的返回发车时刻，这个发车时刻的计算公式为

每个周转终点站的发车时刻＝车辆到达终点站的到站时刻＋首末站停车时间定额

(9) 到站时刻的确定。到站时刻是指每个车次到达终点站的时刻。到达对站的发车时刻的计算公式为

到站时刻＝每车次的首末站的发车时刻＋该车次的单程时间定额

7. 设计示例

根据行车序列表 3-4，以车序号为"加班 1"的车辆为例。设车辆入线站点、离线站点均为"学校"站，即把"学校"站定为调度的关键站点，而"火车站"站定为配合调度的站点，则车序号为"加班"的车辆的单车行车时刻表如表 3-5 所示。

表 3-5 单车行车时刻表

线路：1 路　车序号：加班 1　出场时刻：　返场时刻：　到场时刻：　调度站点：　配合站点：

方向	第 1 周转				第 2 周转				第 3 周转				第 4 周转			
	（出场）上行		下行		上行		下行		上行		下行		上行		下行	
首末站	到	开	到	开	到	开	到	开	到	开	到	开	到	开	到	开
学校	入线	6:10	7:04			7:10	8:13			8:20	9:23	退线				
火车站	6:34	6:40			7:38	7:45			8:28	8:55						

方向	第 5 周转				第 6 周转				第 7 周转				第 8 周转			
	上行		下行		上行		下行		上行		下行		上行		下行	
首末站	到	开	到	开	到	开	到	开	到	开	到	开	到	开	到	开
学校																
火车站																

方向	第 9 周转				第 10 周转				第 11 周转				第 12 周转			
	上行		下行		上行		下行		上行		下行		上行		下行	
首末站	到	开	到	开	到	开	到	开	到	开	到	开	到	开	到	开
学校									入线	16:33	17:38				17:45	18:48
火车站											17:03	17:10			18:13	18:20

方向	第 13 周转				第 14 周转				第 15 周转				第 16 周转			
	上行		下行		上行		下行		上行		下行		上行		下行	
首末站	到	开	到	开	到	开	到	开	到	开	到	开	到	开	到	开
学校		18:58	19:52			20:00	20:54			21:05	21:59	退线				
火车站	19:22	19:28			20:24	20:30			21:29	21:35						

8. 编制车站的行车时刻表

这里的主要车站是指起点站、终点站和中间调度站。

（1）各主要时刻的安排。依照已经编好的各车辆行车时刻表，依次将该时刻表中各周转的属于不同车站的时刻，包括出场时刻、入线时刻、离线时刻、入场时刻以及到站时刻与发车时刻，分别填在对应车站的"××站行车时刻表"中。

（2）标注司售乘人员的换班和就餐时间。根据工作班制的安排需要，在人员换班和就餐的时间处，分别用不同的符号来标明，例如符号"★"表示换班，符号"◎"表示就餐。

（3）设计示例。以车序号为"加班"的车辆为例，将该车辆的单车行车时刻表（表3–5）中分别属于"学校站"和"火车站"站的时刻填入"学校站行车时刻表"（表3–6）和"火车站行车时刻表"（表3–7）。

表3–6 学校站行车时刻表

线路：1路　　　　　调度站点：学校

车序号		加班1	正班1	正班2	正班3	正班4	加班2	正班5	正班6	加班3	加班4	加班5	加班6
各周转		入线											
1	开	6:10											
	到	7:04											
2	开	7:10											
	到	8:13											
3	开	8:20											
	到	9:23											
4	开	退线											
	到	…											

表3–7 火车站行车时刻表

线路：1路　　　　　配合站点：火车站

车序号		加班1	正班1	正班2	正班3	正班4	加班2	正班5	正班6	加班3	加班4	加班5	加班6
各周转		对站发											
1	到	6:34											
	开	6:40											
2	到	7:38											
	开	7:45											
3	到	8:45											
	开	8:55											
4	到	…											
		…											

9. 绘制线路的运行示意图表

（1）车辆进场情况的填制要求。在线路运行示意图表中，各车辆的出场时刻、入线时刻以及入线站点，必须与对应路牌号的"车辆的行车时刻表"和"车站的行车时刻表"中的保持一致。车辆的入线站点的表示符号可以用"○"或"√"。

（2）车辆返场情况的填制要求。在线路运行示意图表中，各车辆的离线时刻、入场时刻以及离线站点，也必须与对应路牌号的"车辆的行车时刻表"和"车站的行车时刻表"中的保持一致。车辆的离线站点的表示符号可以是"×"。

（3）车辆各车次的发车时刻和到站时刻的填制要求。在线路运行示意图表中，各车辆各车次在首末站及中间调度站的到站时刻和开车时刻，也必须与对应路牌号的"车辆的行车时刻表"和"车站的行车时刻表"中的保持一致。

（4）全程班次指标的计算。运营车辆上线运行后，每次从起点站发车到达终点站为止完成的一个全程工作量，称为一个全程班次。一台车辆在每个周转中完成的工作量为两个全程班次，依次类推。而车辆在一天内完成的全程班次则称为日全程班次。

（5）出、回（入）场班次指标的计算。在运营车辆每次上线时，从停车场发车至到达入线站点为止完成的工作量，称为一个出场班次。而在运营车辆每次下线时，从离线站点至返回停车场为止的工作量，称为一个回场班次。这样，只要车辆出场一次，就会有一个出场班次；而只要车辆回场一次就会有一个回（入）场班次。

（6）日实载单车里程指标的计算。一般认为，运营车辆在线运行过程中都是实载的。单车在一天内各个单程中行驶所完成的里程数累计值就是日实载单车里程，单位为"km/单车"。其计算公式为

$$日实载单车里程 = 日全程班次 \times 运营线路总长度$$

（7）日空载单车里程指标的计算。一般情况下，运营车辆在下线或上线过程中是空载的。单车在一天中各次进出场中行驶所完成的里程数累计值就是日空载单车里程，单位为"km/单车"。其计算公式为

$$日空载单车里程 = 日单车进出场班次 \times 进出场路段总长度$$

（8）劳动力班次的计算公式。

$$劳动力班次 = \frac{车辆在线工作时间 + 车辆进出场耗费时间}{一个工作班次的时间定额}$$

式中：车辆在线工作时间是指从车辆到达线路开始，直到车辆退出线路为止所有在线运行的累计时间。车辆进出场耗费时间是指车辆在进场或回场过程中所需耗费的累计时间。一个人员工作班的时间定额是根据人员工作班制的规定，行车人员一天内工作时间的定额，一个人员工作班的工作时间定额以 6～8 h 为宜。

（9）劳动力班次的统计要求。在统计劳动力班次时，从方便工作安排的角度考虑，一般统计精度为 0.5 劳动力班次。对于小数不满一个劳动力班次的情况，可以作以下处理：若劳动力班次不大于 0.5 时，则按 0.5 个劳动力班次统计；而若劳动力班次大于 0.5 又小于 1.0 时，则按 1 个劳动力班次统计。

例如，如果计算得到劳动力班次为 1.2，则统计为 1.5 个劳动力班次；如果计算得到劳动力班次为 1.7，则统计为 2.0 个劳动力班次。

任务 3.3　现场调度

现场调度

3.3.1　拟完成的任务

某线路估计从 7:28—8:00 客流量比往常增加很多，现需加车增发 3 车次，试修正加车后的行车时刻。

路牌号	原1	原2	原3	原4	原5	原6	原7	原8	原9	原10
发车时刻	7:00	7:06	7:12	7:18	7:24	7:30	7:36	7:42	7:48	7:54

3.3.2　任务目的

（1）能根据公交客流量即时变化现场调度运输供应，能够修正线路行车时刻表；

（2）掌握现场调度多种方法，能够及时调度车辆人员应对突发客流，保证公交服务水平；

（3）培养认真踏实的工作态度，以客流需求为本，始终牢记提供便捷、高效、舒适、安全出行服务的责任使命。

3.3.3　相关配套知识

现场调度

3.3.3.1　现场调度

现场调度是指在运营线路的行车现场，调度人员为了使运营车辆运行与客流变化相适应，依据行车组织实施方案（如行车作业计划），直接对运营车辆及有关人员下达调度指令等一系列的活动，它是城市公交运营管理系统中最基层的管理工作。

现场调度的任务是在运营线路的现场，根据客流变化与行车计划方案的要求，通过对车辆和人员下达调度指令,使运营作业计划、行车组织方案在实施过程中发挥其组织、指挥、监督和调节的作用,充分利用车辆的运载能力,适应乘客的服务需求,保证运营活动的正常进行,确保完成企业既定的目标。

现场调度的工作涉及范围很广,内容很多。由于各城市的基础设施和社会生活环境等的差异,其具体内容不尽相同。按一般情况分析,可以将现场调度的内容归纳为以下几项。

1. 行车间隔的正常化

行车间隔,也称为行车间距,简称车距,是运营服务质量的重要标志之一。车辆在运行过程中,由于各种原因,会受到干扰,影响行车组织方案所规定的车距,导致行车秩序不正常。现场调度人员要及时采取措施,迅速恢复原来的车距,或进行监督控制、均衡调节车距,逐步纳入计划运行。这是现场调度中最常见的基本工作之一。

2. 行车秩序的恢复

路线上的车辆是按规定的前后次序运行的,但当车辆发生故障等非常情况,常常会使行车秩序发生颠倒。因此,现场调度应该在确保不影响工作质量的前提下,尽可能及时恢复原来的行车秩序。

3. 行驶时间的延长或缩短

路线上的车辆一般是按规定的周转时间往返行驶的,但是在行车过程中会遇到各种意外情况,使原来的周转时间有余缺。这时,现场调度就要放长或缩短周转时间,用以调整车距,使行车次序正常化。

4. 运输能力的增减

调度人员必须随时注意运输能力的调节,以适应客流量的变化。在行车组织方案内所安排的运输能力,仅能适应于正常客流动态的一般规律。如果客流发生较大变化,在部分站段的实际客流量过分高于或低于原预计客流量时,现场调度应采取各种措施,增加或减少运力。

5. 行驶路线的变动

运营线路常会遇到道路受阻等意外情况,车辆无法通过,这时现场调度就需要当机立断,临时改变行驶路线,以适应乘客需要,保持通行。

6. 常规调度

常规调度也称为基本调度,是指当行车情况基本上符合行车组织方案的实施要求时,全线处于正常运行状况下的调度工作。常规调度的内容主要有:按时发出行车指令,注意加车或暂停运营时车距的调节;检查到站车辆状况,注意加入运营车辆,妥善安排行车人员就餐和交接班事项;正确、及时、全面地做好原始记录和调度日记的填写工作等。

7. 异常调度

异常调度是指当行车现场由于某种原因造成行车秩序混乱,不能符合行车组织方案要求时的调度工作。行车异常情况的出现，其原因常常是错综复杂的，应该采取多种综合调度措施。

3.3.3.2 现场调度的基本处理方法

根据行车调度的内容和工作范围，现场调度的基本方法主要包括恢复行车秩序、调整运力和变动行车路线三大类。

1. 恢复行车秩序的基本方法

车辆在日常运行过程中，常常会遇到计划外许多突然出现的干扰因素，打乱正常的行车秩序。在一般情况下，可以通过综合运用以下方法来使之正常化。

（1）调整车序。车序就是行车次序。线路运营车辆一般是按规定的顺序来运行的，但是在发生行车人员交接班、就餐、事故、纠纷及故障等情况时，就需要将车辆前后顺序进行调整，以保持车距的均衡。这种方法称为调序法。调序法的原理就是将车辆序号临时重新组织，乃至经过运行调整，最后恢复到原来的正常运行次序。

根据互相对调的车辆数，调序法可以分为两车调序和多车调序。调整后车次的周转时间不能小于规定的运送时间，也就是说，调整车次前后的周转时间应大于或等于相应车次规定的运送时间。调整时，还应该同时考虑车距和车序两个因素。在较复杂的情况下，可以考虑先恢复正常车距，然后再调整车序。另外，调整车序应该尽量在车辆运行中进行。

（2）拉长车距。在发生车辆抢点、速度过快或提前到站的情况下，应暂时压住车辆不发车，以便恢复正常的车距。若车辆误点时间不多时，则停站调度除了将该车提前发出外，还可以在前车未发出时，延长前车的发车时间，以便使行车间隔均匀。

（3）放站发车。当车辆误点时间较长时，单独采用时间调整的方法已经难以控制车辆运行的秩序，这时就可以采用放站发车的方法。所谓放站发车法，就是由调度员指定误点车辆，使其开出后不停靠若干常规的中途站点的运行方法。这种方法的目的是适当节约中途的停站时间，加快到达车辆周转，并使误点车辆重新按原计划规定的时刻到达某中途站或对方的始发站。一般情况下，平均每放一站最少可以争取 40～60 s 的时间。

在实际操作中，放站发车的具体形式多种多样，如空车放站、载客放站等，都是以加速乘客运送和车辆周转、防止车辆与客流堆积为目的。在首末站，当车辆因为交通堵塞等原因晚点到达时，时间已经超过停站休息时间，这时也常用放站法来弥补晚点时间。有时候，为了加快车辆的周转速度也可以采用放站法。

放站发车法的具体做法是首先确定不停靠的具体站点。

为了节约停站时间又不影响服务质量，在分析客流情况的基础上，正确估计因不停靠站点能节省的时间，并全面权衡后确定好放站发车的站点的和中途不停靠的站点。

在特殊情况下，出现多辆车连续放站时，还要考虑每辆车不停靠的站点尽量错开，以利于客流的疏导。通常采用交替放站的办法，防止乘客候车时间过长而严重影响服务质量。

采用放站发生法，要事先估计可以节省的时间，并核算节省的时间是否能满足恢复正常运行的要求。放站后的节省时间和周转时间按以下公式计算：

$$放站后节约时间 = \sum 不停站点的停站时间$$

$$放站后节约周转时间 = 原周转时间 - 放站后的节约时间$$

（4）区间掉头。当车辆晚点时间较长并产生若干车辆同时到站时，调度员可以指定某辆车缩短原计划的行驶里程，而在途中某个站点返回，以赶上下一车次的行车时刻。

区间掉头与放站发车一样都能缩短周转时间。放站发车只能缩短少量的时间，而区间掉头却能缩短较多的时间。因此，一般车辆到达首末站的晚点时间，超过全程周转时间的三分之一时，可采用区间掉头法来补偿已经损失的周转时间。有时为了提高运行效率，增加某些站点的运送能力，也需要采用区间掉头法来使运送能力平衡。

区间掉头的具体做法如下。

① 选择好掉头的地点和方式。选定掉头地点时，首先要考虑该地点所在路段是否适合车辆掉头，如有无交叉口、立交桥等，还要了解掉头路段的客流和交通管制情况。其次要考虑在该地点掉头能节省的时间是否足够。如果有两辆及以上的车辆掉头，应该尽量避免连续在同一地点掉头，并且应该错开掉头的站点和发车时间。

掉头方式主要包括绕道掉头和原地掉头两种。采用哪种掉头方式，需要综合考虑道路条件、交通管制条件以及乘客需求等因素。

② 计算掉头车辆节省的时间和周转时间。区间掉头车辆节省的时间，可以按照以下公式来估算：

$$掉头后车辆的节约时间 = 2 \times 少行驶路段的行程时间 +$$
$$对站计划停站时间 - 调头地点的调整时间$$

而周转时间则为：

$$掉头的周转时间 = 原计划周转时间 - 掉头后车辆的节约时间$$

（5）提前发车。当车辆晚点到达首末站时，若其晚点时间不超过规定的停站调节时间，则可以采用减少其停站时间而提前发车的方法，以保持车辆在首末站能准点发车。在客流高峰时，道路拥挤，运营速度较低，计划单程时间不足，此时为了保证车辆在首末站能准点发车，可采用提前发车的办法。

（6）填补车次。当线路上行驶的车辆因突然情况发生停驶时，会使得在计划规定时间内车次缺失较多，这时可以设法利用某些车辆来填补缺失的车次。这种方法被称为填补车次。

可以用来填补车次的车辆主要有停站车辆、进场车辆、运行故障修复车、邻线停驶车、备用车辆等。

2. 调整运力的基本方法

行车作业计划中的车辆数和行车次数,是根据计划期内预测客流变化的基本规律来安排的。但是,由于运营线路的实际客流变化具有随机性,或者客流量在数量上发生增减,这时,现场调度就应对运力的投放进行适当的调整,根据实际客流变化来增减车辆数或车次数,使之与客流需求相适应。调整运力的方法,概括起来主要有以下两类。

1) 调整车次

调整车次一般采用调频法进行。当线路上某个时间段客流总量改变不大,但是在该时间段内的客流分布已经发生疏密不均的变化,在这种情况下,线路并不需要额外增加运力,只需要根据客流大小变化来适当地调整行车的频率,做到"客多车密,客少车稀",就可以解决运力与运量的平衡问题。这种方法被称为调频法。

调频法一般可以通过结合运用拉长车距、缩短车距及提前发车的手段来实现:

用拉长车距的手段来调整行车频率在某个时间段中,将需要增加车次的部分时间段内的车距拉长,以减少车次,并为客运高峰积聚运力。值得注意的是,要尽量避免出现"拉长车距后由于车辆增加了本站的停站时间而影响到对站发车"这种情况。

用缩短行车间距的手段来调整行车频率先将增车时间后段的运力提前发车以减少车次,再将所减车次全部加入增车时间段内后,通过适当缩短部分车辆的车距,并将车次发出,以弥补前面班次的不足。这时也要注意,车距的缩短造成了车辆在本站停站时间也变小,这样可能相对增加了本站运行工作的难度。

【例 3-2】在 7:00—8:00 总发车次 10 车次,由于 7:20 后客流增多,将原来的行车频率做了调整,调整后在 7:20 前的行车频率少了 1 车次,7:20 后的行车频率多了 1 车次,但是总的车次数不变。

车次序号	原计划行车时刻	调整后行车时刻
	上行方向	上行方向
1	7:00	7:00
2	7:06	7:08
3	7:12	7:16
4	7:18	7:24
5	7:24	7:30
6	7:30	7:35
7	7:36	7:40
8	7:42	7:45
9	7:48	7:50
10	7:54	7:55

2）调整车数的条件分析

这是在原计划车辆的基础上增加或抽停部分车辆的运行组织方法。在某个时间段内，当线路上客流量增减较多，仅用调整车次的方法已经难以解决运力与运量的平衡问题时，如果条件许可，则就可以考虑增加或减少投放的车辆数量，即调整车数。调度人员需要及时、密切地了解本线路车辆运力与运量之间的两种不平衡状况，并作出处理。

（1）运量超过运力的情况。当线路出现客流量远超过运力的情况，如果事先及时掌握，则应该通知场队调度室，动员本线即将退出运行的车辆加班行驶；如果事先没有掌握，而且本线路又没有车辆可用，则也应该及时向场队调度室报告，组织场队内或机动点的备用车辆，或者抽调其他线路的车辆来支援。

（2）运量少于运力的情况。如果线路客流明显减少，应该通知场队调度室后才可以适当减少班次，或者抽调车辆回库。

调整车数的具体做法如下。

① 加车法。在原有行驶车辆中增加车辆的运行组织方法，称为加车法。当线路上的客流突然增多而需要额外增加运力时，就需要使用加车法。有时由于各种原因，实际周转时间过长，但又需要保持原来的车距。因此，在需要补充运力时，可以采用加车法来处理。为了使得增加车辆的前后车距均匀，需要对线路的车距进行计算调整。具体做法分为以下四步。

第一步，确定加车的数量和时间。在估计好现场客流增加数量的基础上，考虑增加车辆的数量，增加的车辆应该在客流增加的时间段内入线。

第二步，划定加车后所影响的时间范围。因为增加车辆后会发生车距不均匀现象，故必须对原有车距进行适当的调整，调整的时间范围越大，车距缩短的幅度越小，反之则越大。一般调整车距的影响时间范围，应该在客流增加的范围内。

第三步，计算加车后所影响时间范围内的新平均行车间隔。计算公式如下

$$加车后新平均行车间隔 = \frac{划定的影响时间}{该时段内的发出车次数}$$

第四步，修正时间范围内的行车时刻。根据新的平均行车间隔，对影响时间范围内的车辆运行时刻进行分配与排列。

【例3-3】某线路估计从7:15—8:00客流量比往常增加很多，现需加车增发3车次，试修正加车后的行车时刻。

原计划		加车后修正	
路牌号	发车时刻	路牌号	发车时刻
原 1	7:00	原 1	7:00
原 2	7:06	原 2	7:06
原 3	7:12	原 3	7:12
原 4	7:18	加 1	7:17
原 5	7:24	原 4	7:22
原 6	7:30	原 5	7:26
原 7	7:36	原 6	7:30
原 8	7:42	加 2	7:34
原 9	7:48	原 7	7:38
原 10	7:54	原 8	7:42
		加 3	7:46
		原 9	7:50
		原 10	7:55

② 抽车法。在原有行驶车辆中减少车辆数量的运行组织方法称为抽车法。当采用抽车法的场合主要有三种：一是当线路上的客流明显减少，为了避免运力的浪费，需要停驶部分车辆；二是有时其他线路客流增加，需要抽调本线车辆支援；三是车辆在线路上发生故障、纠纷、事故以及抢修车辆不能准时入线，造成线路缺车。

为了保证减车时刻前后的行车间隔保持均匀分布，需要对原来的行车间隔进行计算和调整。具体做法分为以下四步。

第一步，确定减车的数量和时间。根据以上三种不同的场合，考虑减少车的数量及离线的时间。

第二步，划定减车后所影响的时间范围。如果减车是由客流减少造成的，则一般调整车距的影响时间范围，应该在客流减少的范围内。

第三步，计算减车后所影响时间范围内的新车距。计算公式如下：

$$抽车后新平均行车间隔 = \frac{划定的影响时间}{该时段内的发出车次数}$$

第四步，修正时间范围内的行车时刻。根据新的平均行车间隔，对影响时间范围内的车辆运行时刻进行分配与排列。

【例 3-4】某线路 7:14 时线路调度员得知原计划 7:24 发车的车辆^路牌号为原 5。由于中途故障,估计 8:00 以后才能修复回站,而此时线路又无车调用。试用抽车法,修正减车后的行车时刻。

原计划		抽车后修正	
路牌号	发车时刻	路牌号	发车时刻
原 1	7:00	原 1	7:00
原 2	7:06	原 2	7:06
原 3	7:12	原 3	7:12
原 4	7:18	原 4	7:21
原 5	7:24	原 5	
原 6	7:30	原 6	7:30
原 7	7:36	原 7	7:36
原 8	7:42	原 8	7:42
原 9	7:48	原 9	7:48
原 10	7:54	原 10	7:54

3.3.3.3 变动行车路线的基本方法

车辆在运行中,由于受到交通堵塞、市政施工、交通事故等影响,导致局部线路或全线不能正常通行时,为了尽量满足乘客服务需要,一般可以采用绕道行驶、分段行驶以及缩短行驶线路等办法。此外,当线路有富余运力时,为了支援运力不足的线路,也可以采用跨线行驶的调度办法,使车辆行驶多条线路,并提高车辆的利用率,增强效益。

(1) 绕道行驶。所谓绕道行驶就是临时变更路线,绕过堵塞路段。采用绕道行驶时,行程长度和行车时间必然有所增减,此时需要根据周转时间和车辆条件,另外安排临时行车计划。如果车辆不足,则应联系场队调度室寻求支援。

(2) 分段行驶。分段行驶就是把线路全程分成两段及以上行驶,并需要重新安排分段行驶的临时行车计划。采用分段行驶后,如果车辆有余,则还应考虑抽停车辆及其停放地点是否方便以后恢复全线通行。

(3) 缩短行驶路线。堵塞地段若无其他道路可以绕道,则采用缩短线路的办法。其行车计划也需要另外作安排。

(4) 跨线行驶。当相邻线路之间的高峰时间出现时刻有明显差异时,或者本线路运力富余时,现场调度常采用跨线行驶来挖掘线路的运力潜能。有时线路还承接特约租车业务,也需要应用跨线行驶来解决沿线的特约客流的运送问题。

跨线行驶要具备时间差的条件，也就是跨出或跨入的时间要与客流吻合，并准确估计跨线车辆的来回时间。其有关计算公式如下

跨入线路使用车辆的时刻＝跨出线路的发车时刻＋

跨入线路使用车辆的运行时间＋调度调整时间

车辆回到原跨出线路的时刻＝跨入线路开始使用车辆的时刻＋

车辆在跨入线路的运行时间＋调度调整时间

3.3.3.4 线路运营日常工作

公共客运的线路运营工作是企业直接实施经营计划的基层生产活动，它直接影响着企业实现经营方针和达到预期的经营效果。在线路运营中，需要对其工作内容制定规范化、系列化和标准化的工作标准，并以程序化的形式来落实执行。一般线路运营的工作可以简单地概括为"四早三晚一中一交接"共九个阶段。

1. 早出场阶段

早出场阶段的工作内容为：

（1）线路调度人员按照规定时间到达车场签到。

（2）掌握本线行车人员的动态，发现缺勤人员应及时补齐。

（3）掌握当日车辆的配备情况，与站场部门联系好车辆回场的修理保养工作。

（4）检查车辆是否完好。

（5）督促行车人员做好出车前的准备工作，并按班次准点出车。

（6）携带行车记录单，乘坐首车上线路。

（7）到达线路后，及时与对方站作对表联系，并做好本班的各项准备工作。

2. 早高峰前阶段

早高峰前阶段的工作内容为：

（1）做好"三签署"（签署行车时间、客票号、行车记录）工作，督促行车人员提前上车，按点发车。

（2）按时与车场调度室联系加班车，及时了解晚出人员和车辆出场情况。

（3）安排好站区工作人员及后勤人员的现场工作，做好客流高峰的准备工作。

3. 早高峰阶段

早高峰阶段的工作内容为：

（1）在现场指挥调用车辆，迎接车辆并签证。

（2）确保站区内乘客候车秩序良好，同时照顾车辆进出站安全。

（3）按照行车作业计划，提高车辆利用率，随时与对站联系沟通。

（4）调整好车距，确保良好的行车秩序。

4. 早高峰后阶段

早高峰后阶段的工作内容为：

（1）在早高峰过后，按计划抽减加班车、包车及回场修理保养车辆。

（2）督促检查车辆的清洁工作，并维持现场车辆的停放秩序。

（3）向上级调度室汇报早高峰的运营情况。

（4）根据当班出勤情况，做好次日行车人员的排班工作，汇报调度室后并及时通知有关行车人员。

5. 中午阶段

中午阶段的工作内容为：

（1）按计划调整行车间隔以适应客流变化。

（2）加强首末站之间的联系，查点行车人员和车辆的变化情况，做好记录。

（3）做好与下一个调度班的交接班准备工作。

6. 交接班阶段

交接班阶段的工作内容为：

（1）交接班的调度员要提前到达交接班的站点，保证交接班时不积压车辆。

（2）核对即日的行车单据是否填写齐全、准确，并交代清楚车辆、人员与线路客流的变化情况。

（3）交接好有关物品，必要时做好备忘录。

（4）按时向上级调度室汇报车辆运营情况。

7. 晚高峰前阶段

晚高峰前阶段的工作内容为：

（1）做好晚高峰前的加班车准备工作，清查车辆，并与上级调度室联系在场车辆出车的情况。

（2）安排好站区人员的工作。

（3）做好晚高峰前的一切准备工作。

8. 晚高峰阶段

晚高峰阶段的工作内容为：

（1）在现场指挥调用车辆，迎接车辆并签证。

（2）确保站区内乘客候车秩序良好，同时照顾车辆进出站安全。

（3）按照行车作业计划，提高车辆利用率，随时与对站联系沟通。

（4）调整好车距，确保良好的行车秩序。

9. 晚入库前阶段

晚入库前阶段的工作内容为：

（1）根据客流变化情况，按计划抽减停运车辆，并汇报上级调度室。

（2）有夜班车的线路，必须掌握好夜班车的人员情况和车辆交接情况。

（3）督促行车人员做好车辆清洁工作和例行保养工作。

（4）核对款项和有关物品的齐全情况，并确保收车安全。

（5）结算好车辆的日运行里程和时间。

（6）做好有关记录的整理工作后，随末班车进场。调度员回到车场汇报后，才能离开岗位。

3.3.3.5 线路运营的正点行车管理

1. 正点行车的概念

运营车辆按照规定的时间沿线路运行，这就是正点行车，有时也称为准点行车。正点率是评价正点行车情况的一项主要指标，直接关系到运营效率的高低和客运服务的好坏。它是正点行车次数与总行车次数之间的比率，即

$$正点率 = \frac{正点行车次数}{总行车次数} \times 100\%$$

正点行车是城市公交客运的基本要求，是其社会效益和经济效益的一个体现。城市公共汽车，正点行车一般包括三个准点。

（1）始发准点。始发准点是指车辆在本始发站能够按照规定时间发车。

（2）折返准点。折返准点是指车辆从对方站能够按规定的时间发车返回。

（3）终到准点。终到准点是指车辆从对站返回后，能够按照规定时间到达本始发站。

2. 妨碍正点行车的主要因素

在线路的实际运营中，妨碍正点行车的因素是多种多样的。这些因素既有属于企业的外在因素，也有属于企业的内在因素。外在因素主要是指企业线路运营的外部的车辆运行环境，包括沿线道路的交通拥堵程度、气候条件以及公交客流变化程度等。而内在因素主要是指线路的车辆技术状况、行车人员素质、调度管理水平等。

（1）沿线道路的交通拥堵程度。交通延误是指车辆在行驶中，由于受到驾驶员无法控制的或意外的其他车辆干扰或交通控制设施的阻碍而损失的时间。

实际上，造成公交车辆通行交通延误的因素是多种多样的，例如交通拥挤程度、交通信号控制设施、交通事故、交通管制以及市政施工等，这些因素都会对公交车辆的运行造成影响。在这些因素中，有些因素的延误影响是具有规律性的，而有些是不具有规律性的。

（2）沿线气候条件。一般在下雨、有雾、有霜以及温度较低的情况下，公交车辆的运行速度会受到较大的影响。

（3）沿线公交客流变化情况。在客流高峰期，由于沿线公交客流比预计量大幅增加，造成公交车辆在站点附近滞留较长时间，这样也会造成晚点。在客流低峰期，由于客流比计划减少，车辆运行时间可能会缩短。

因此，对于影响正点行车的外在因素，企业线路需要经常深入沿线调查，以掌握在不同因素条件下的行车状况，以便及时修正行车计划中的行程时间。

（4）车辆技术状况。车辆的技术状况是保证正点行车的基本条件。在实际运营中，车辆配备不合理或者车辆技术状况差，会使得现场调度人员不能正常调度车辆。也有车辆在中途抛锚修理，造成线路缺车。还有由于车辆技术性能差，导致车辆跑不起来等等。

（5）行车人员。由于行车人员原因造成车辆行车不正点的情况也是多样的。例如在平峰期，司乘人员之间为了争收入而抢乘客、相互压时间而开慢车，造成车辆晚点。或者前车未经车辆调度员同意，私自甩站、放空、中途掉头或者提前离线，也会造成串车、缺车情况的发生。或者个别司机不听发车信号，提前发车或推迟发车。或者因司乘人员迟到、早退而导致无法准时发车。或者司乘人员因为吃饭时间过长而不能准点发车，等等。

（6）调度管理水平。调度管理水平是保证行车正点的一个重要条件。调度管理水平可以通过调度员素质、调度设施、企业考核制度等方面来反映。例如在运营中，由于两站调度员配合不够默契，也会造成车辆行车不正点。

3. 保证正点行车的对策与措施

以上影响正点行车的因素，在城市公交线路中具有一定的普遍性。因此，为了加强管理，提高正点率，公交企业应该在调查清楚线路外部的车辆运行环境的基础上，制定相应的管理办法，通过标准的制定、执行、监督、检查、考核、奖励以及惩罚等措施，保证行车的正点。具体如下。

（1）规定正点的时间标准。车辆受到各种因素的影响，其行驶速度、停站时间不可能分秒不差，因此必须评价行车快慢。例如规定市区线路以"快 2 min 慢 2 min"为不正点，即提前 2 min 或延误 2 min 以上发车或进站的均为不正点。

（2）"三准点"标准。所谓"三准点"是指始发准点、折返准点和终到准点。在始发站、折返站或终到站，由调度员或公司签点员负责记录和监督，把整条线路上运行的车辆按照始发准点或折返准点或终到准点、或"三准点"的要求，使得每个车次按照预定的时刻行车。

（3）正点率等级标准。规定正点的等级，如正点率大于95%为优，90%~95%为良，85%~90%为中，80%~85%为合格，小于80%为不合格。

（4）正点行车的管理机构和对象。行车正点的管理部门是各级调度机构，即总公司调度室、车场调度室和线路调度组。各级调度机构分别负责本范围内的日常行车正点管理的执行和监督职能。

正点管理的对象是各车队，具体为线路各运营车辆和司机。

项目 4
城市轨道交通运营管理

 项目介绍

城市轨道交通系统是由线路、轨道等土建设施，车辆、通信、信号、供电、机电等设备等要素组成的一个复杂系统。现代化、高质量的运营管理是城市轨道交通安全畅通运行、高效科学运转的保证，更是为乘客提供优质服务的保证。城市轨道交通运营管理的目标是通过有效的组织、管理与利用城市轨道交通系统设施设备、人员、技术和信息，有序完成城市轨道交通运营的各项日常工作，并能根据客流变化及时调整运营策略，使城市轨道交通系统得以安全、高效科学地运营，实现最佳效能。城市轨道运营企业实施运营管理的内容主要包括行车组织管理、客运服务管理、车辆及车辆基地管理、设备管理、土建设施管理、人员管理、安全管理和应急管理等方面。城市轨道交通运营单位通过建立健全组织机构，制定、完善和实施安全与应急管理、行车组织、客运组织、设施设备运行维护等规章制度和操作办法，实现对城市轨道交通系统的人员、设施设备、技术、信息等资源的有效组织利用与管理，从而保证城市轨道交通系统的高效科学运转，为乘客提供安全、准时、便捷、舒适的出行服务。此外，政府对城市轨道交通运营进行宏观层面的管理，通过建立健全管理机构，制定行业管理政策、法规及标准来规范运营单位、从业人员及乘客的行为，保证投入运营的设施设备处于安全可靠状态，促进城市轨道交通行业的有序发展。

 知识目标

1. 了解城市轨道交通运营管理的基础概念；
2. 掌握列车开行计划编制和计算方法；
3. 掌握运输能力计算方法；
4. 掌握客运服务管理方法。

能力目标

1. 能够计算并编制全日行车计划；
2. 能够计算线路的运输能力；
3. 能够进行客流组织和站务管理；
4. 能够开展各种旅客服务及突发事件处置。

 素质目标

1. 培养认真调查、科学分析、果断研判、勇敢决策、坚决执行的素养。
2. 形成良好的逻辑思维能力、口头和文字表达能力，有效地传递信息。
3. 培养能够综合运用岗位能力分析与解决实际问题的能力。

任务 4.1 列车开行计划

列车开行计划

4.1.1 拟完成的任务

已知某轨道交通线路站间到发 OD 客流量如表 4-1 所示，其他数据与基础认知中算例相同，试编制全日行车作业计划。

表 4-1 站间到发 OD 客流量表

发/到	A	B	C	D	E	F	G	H	合计
A	—	7 019	6 098	7 554	4 878	9 313	12 736	23 798	71 396
B	6 942	—	1 725	4 620	3 962	6 848	7 811	16 538	48 446
C	5 661	1 572	—	560	842	2 285	2 879	4 762	18 561
D	7 725	4 128	597	—	458	1 987	2 822	4 914	22 631
E	4 668	3 759	966	473	—	429	1 279	3 121	14 695
F	9 302	7 012	1 988	2 074	487	—	840	5 685	27 388
G	12 573	9 327	2 450	2 868	1 345	1 148	—	2 133	31 844
H	22 680	14 753	4 707	5 184	2 902	5 258	2 015	—	57 499
合计	69 551	47 570	18 531	23 333	14 874	27 268	30 382	60 951	292 460

编制完成后，要求提交完整的全日行车计划编制计算书，计算书的内容包括如下：
- OD 客流量表；

- 其他参数计算取值情况；
- 各车站分方向上下车人数表；
- 断面分方向客流量表；
- 分时客流量及开行列车数计算表；
- 分时行车间隔计算确定表；

在计算取值过程中，需要注意一些细节。

4.1.2 任务目的

（1）会根据任务进行城市轨道交通客流量统计分析；

（2）掌握相关参数的计算方法和要求；

（3）能够编制全日行车计划相关表格；

（4）培养严谨的实事求是的工作作风，增强职业社会责任感，践行为人民服务的初心。

4.1.3 相关配套知识

4.1.3.1 城市轨道交通运营管理基础认知

城市轨道交通运营管理是一个复杂的系统工程，政府层面的管理是通过出台政策、法规和标准等手段针对行业的共性问题和突出问题，提出方案和措施促进行业可持续发展；企业层面的运营管理是通过人员组织管理和设施设备的维护与使用，实现乘客运输，承担社会责任，从而创造社会效益和企业经济效益城市轨道交通运营管理方法和管理水平对完成运营目标起着至关重要的作用也直接影响着城市轨道交通的可持续性发展。2008年，中央"大部制"改革赋予交通运输部指导城市客运的新职能。城市轨道交通系统作为城市客运的重要方式之一，其运营管理也是交通运输主管部门的一项重要职责。目前，交通运输部运输服务司负责指导城市地铁和轨道交通运营工作，具体由城市轨道交通管理处实施。

1. 相关法规体系

2008年，交通运输部承担指导城市轨道交通运营管理职责后，从加强立法、完善标准、制定政策三方面入手，加强对城市轨道交通运营管理工作的指导，取得了显著成效。我们陆续出台了《城市轨道交通初期运营前安全评估管理暂行办法》（交运规〔2019〕1号）等多个规范性文件和4个配套规范，初步建立了运营管理法规体系。

1）法规制定

2018年5月，交通运输部颁布了《城市轨道交通运营管理规定》（交通运输部令2018年第8号，以下简称《规定》），该规定自2018年7月1日起施行。《规定》明确了城市轨道交通运营基础要求、运营服务，安全支持保障和应急处置等方面的具体要求，为城市轨道交通运营管理工作指明了方向。

2）标准规范

标准化建设是加强城市轨道交通行业管理的重要抓手。城市客运标准体系表提出了城市轨道交通综合管理、运营服务、安全应急、设施设备等方面近40项标准规范，明确了今后一段时期标准化建设的工作思路。2013年，《城市轨道交通运营管理规范》（GB/T 30012—2013）和《城市轨道交通试运营基本条件》（GB/T 30013—2013）两项国家标准发布。《城市轨道交通运营管理规范》（GB/T 30012—2013）规定了城市轨道交通在行车组织、客运组织、车辆及车辆基地、设施设备、土建设施、人员和安全管理等方面的基本要求。《城市轨道交通试运营基本条件》（GB/T 30013—2013）规定了城市轨道交通试运营应达到的基础条件、限界、土建工程、车辆和车辆基地、运营设备系统、人员、运营组织、应急与演练和系统测试检验等方面的要求。2019年，《城市轨道交通设施设备分类与代码》（GB/T 37486—2019）和《城市轨道交通运营指标体系》（GB/T 38374—2019）两项国家标准发布。《城市轨道交通设施设备分类与代码》（GB/T 37486—2019）规定了城市轨道交通设施设备的分类原则和编码规范，明确了城市轨道交通运营设施设备的分类和编码要求为规范化的资产管理和维护管理奠定了坚实的基础。《城市轨道交通运营指标体系（GB/T 38374—2019）明确了运营指标的定义及计算方法，填补了我国城市轨道交通运营领域缺乏统一技术指标的标准空白，进一步规范了城市轨道交通运营单位对标与行业监督管理。同时，交通运输部还发布了《城市轨道交通行车组织规则(JT/T 1185—2018）等一系列行业标准，对城市轨道交通行车组织、设施设备维护和应急管理等工作提出了明确要求。这些国家标准和行业标准的出台，有力提升、城市轨道交通运营管理规范化水平，进一步完善了城市轨道交通运营管理体系。

3）行业政策

（1）2011年印发的《关于加强城市轨道交通运营管理的通知》（交运发〔2011〕236号），要求各地交通运输主管部门和城市轨道交通主管单位要强化运输组织，加强安全管理，保障运营安全，提升服务质量。该文件指出，城市轨道交通线开通前开展试运营基本条件评审工作的专业机构必须由省级交通运输主管部门委托，为地方交通运输主管部门履行职责和开展工作提供了政策依据。

（2）2012年，国务院印发了《国务院关于城市优先发展公共交通的指导意见》（国发〔2012〕64号），明确提出要高度重视城市轨道交通的运营安全，强化风险评估与防控，并完善城市轨道交通试运营审核及第三方安全评估制度，该文件的出台为今后加强城市轨道交通运营行业安全管理提供了重要的政策依据。

（3）2014年印发的《交通运输部关于加强城市轨道交通运营安全管理的意见》（交运发〔2014〕201号），提出用3年左右时间，采取切实有效的管理措施，使运营安全管理体制机制基本完善，监管能力显著增强，管理工作显著加强，安全应急能力显著提升，乘客满意度和社会认可度显著提高。该文件提出了 22 条措施，旨在健全体制机制加快法规标准建设、完善管理制度、深化应急能力建设、加快信息化建设、营造安全运营环境、提升运营服务水平，为城市轨道交通运营管理描绘了翔实的"路径图"。

（4）2015 年印发的《国家城市轨道交通运营突发事件应急预案》（国办函〔2015〕32 号），提出了城市轨道交通运营过程中发生的因列车撞击、脱轨、设施设备故障、损毁以及大客流等情况造成人员伤亡、行车中断、财产损失的突发事件应对工作，并对组织指挥体系、监测预警和信息报告、应急响应、后期处置和保障措施等作出了明确规定。

（5）2019 年，交通运输部为规范运营安全评估工作，发布了《城市轨道交通初期运营前安全评估管理暂行办法》（交运规〔2019〕1 号）、《城市轨道交通正式运营前和运营期间安全评估管理暂行办法》（交运规〔2019〕16 号）2 个规范性文件和《城市轨道交通初期运营前安全评估技术规范第 1 部分：地铁和轻轨》（交办运〔2019〕17 号）、《城市轨道交通正式运营前安全评估规范第 1 部分：地铁和轻轨》（交办运〔2019〕83 号）、《城市轨道交通运营期间安全评估规范》（交办运〔2019〕84 号）3 个配套规范。同时，在风险分级管控和隐患排查治理、设备运行维修、行车组织、客运组织、应急演练、服务质量评价等方面也进行了详细的规定，出台了《城市轨道交通服务质量评价管理办法》（交运规〔2019〕3 号）、《城市轨道交通运营安全风险分级管控和隐患排查治理管理办法》（交运规〔2019〕7 号）、《城市轨道交通设施设备运行维护管理办法》（交运规〔2019〕8 号）、《城市轨道交通运营突发事件应急演练管理办法》（交运规〔2019〕9 号）、《城市轨道交通运营险性事件信息报告与分析管理办法》（交运规〔2019〕10 号）、《城市轨道交通行车组织管理办法》（交运规〔2019〕14 号）、《城市轨道交通客运组织与服务管理办法》（交运规〔2019〕15 号）和《城市轨道交通服务质量评价规范》（交办运〔2019〕43 号）。

2. 轨道交通的运营管理模式

轨道交通具有明显的自然垄断特征和准公共产品特征。从经营权与所有权关系的角度来看，轨道交通运营管理主要有以下三种模式。

1）国有国营模式

即政府出资建设轨道交通设施，并指定政府下属机构、国有企业或国有控股公司负责轨道交通的运营管理。对运营管理中的亏损，政府通常采取财政补贴等措施给予补偿。该模式的特点是提供的服务带有福利性，但运营效率较低。欧美国家采用这种模式较多，如巴黎、柏林、莫斯科、纽约等。

2）国有民营模式

政府出资建设轨道交通设施，并通过租赁等形式将轨道交通的经营权转交给民营股份公司。运营者的行为受到政府相关法规的约束，但政府不干涉企业的运营管理，也不对运营亏损进行补贴。该模式的特点是有助于减轻财政支出和提高运营效率，但客流必须达到一定的数量级，如新加坡。

3）民有民营模式

民间资本出资建设轨道交通设施，民营股份公司负责轨道交通的运营管理。政府通过合同形式对轨道交通投资建设、运营企业股本结构、票价浮动范围等进行约束，但政府不干涉企业的运营管理，也不对运营亏损进行补贴。该模式的特点是扩大了轨道交通建设资金来源，民间资本在控制成本方面有更大的动力，但轨道交通的公益性目标与民间资本的营利性目标难免存在冲突。如东京的部分地铁、泰国的轻轨等。

3. 轨道交通系统分类

轨道交通是指服务于城市范围内客运、电力驱动的列车（车辆）在钢轨上或沿导向轨运行的城市公共交通系统。轨道交通分为传统轨道交通和新型轨道交通两大类。传统轨道交通的基本特征是钢轮车辆在钢轨线路上人工或自动控制导向运行，新型轨道交通的基本特征是胶轮车辆在导轨线路上自动控制导向运行。

1）按历史沿革分类

按历史沿革和技术特征，轨道交通主要包括市郊铁路、地铁、轻轨、单轨和自动导向交通 5 种类型。

（1）市郊铁路。市郊铁路是指位于城市范围内，连接市区与郊区，或连接中心城市与卫星城镇的铁路。市郊铁路具有干线铁路的技术特征，主要提供通勤服务。

（2）地铁。一方面，地铁从早期单一地下隧道线路发展成地下隧道、高架和地面线路相结合的线路系统；另一方面，地铁从早期单一的重型地铁发展成包括重型地铁、轻型地铁和微型地铁在内的地铁家族。

● 重型地铁。重型地铁即传统的普通地铁，轨道基本采用干线铁路技术标准，线路以地下隧道和高架线路为主，仅在郊区地段采用地面线路，路权专用，运量最大。

● 轻型地铁。轻型地铁是一种在轻轨线路、车辆等技术设备、工艺基础上发展起来的地铁类型，路权专用，运量较大，采用高站台。

● 微型地铁。也称小断面地铁，采用直线电机驱动，隧道断面、车辆轮径和电动机尺寸均小于普通地铁，路权专用，运量中等，行车自动化程度较高。

（3）轻轨。轻轨是从旧式有轨电车发展而来的。轻轨车辆的容量相对较小，与市郊列车和地铁列车相比较，轻轨列车对轨道施加的荷载相对较轻。轻轨是一种技术标准涵盖范围较宽的轨道交通方式，高标准的轻轨接近于轻型地铁，而低标准的轻轨则接近于现代有轨电车。

轻轨线路敷设往往是因地制宜，既可修建在市区街道上，也可修建在地下隧道或高架轨道上。地面轻轨线路有三种形式：无平面交叉的路权专用线路、有平面交叉的路权专用线路、有平面交叉的路权共用线路。

（4）单轨。单轨线路通常采用高架结构，橡胶轮胎车辆在梁轨合一的单根轨道梁上（下）运行。有跨座式和悬挂式两种。单轨的特点是占地少、噪声低，能适应小半径（30～50 m）和大坡度（60‰～100‰）线路的运行，但小时运能、运行速度低于地铁。

（5）自动导向交通。自动导向交通是指在新交通系统中利用导轨导向、自动控制运行的新型轨道交通，导向运行方式有中央导向和侧面导向两种。

2）按支承与导向制式分类

按支承与导向制式，轨道交通主要有钢轮钢轨、胶轮单轨和胶轮导轨三种系统。

（1）钢轮钢轨系统。线路采用两根钢轨，车辆采用钢制车轮，支承与导向合一，钢轮与钢轨起支承、导向作用，利用轮轨的粘着力驱动。如地铁、市郊铁路、有轨电车、轻轨等。

（2）胶轮单轨系统。线路以高架结构为主、梁轨合一，车辆采用橡胶轮胎，支承与导向分开，走行轮与轨道梁起支承作用，导向轮与轨道梁起导向作用。如单轨交通系统。

（3）胶轮导轨系统。线路多采用高架混凝土轨道，车辆采用橡胶轮胎，支承与导向分开，走行轮与轨道面起支承作用、导向轮与导向轨起导向作用，根据导向轨的位置，导向方式有中央导向和侧面导向两种。例如 PRT 和 PM 系统。

3）按小时单向运能分类

按小时单向运能，轨道交通主要有大运量、中运量和小运量三种系统。

（1）大运量系统。小时单向运能为 3 万人次以上。如地铁和市郊铁路

（2）中运量系统。小时单向运能为 1.5 万～3 万人次。如微型地铁、单轨、路权专用轻轨。

（3）小运量系统。小时单向运能为 0.5 万～1.5 万人次。如路权共用轻轨和自动导向交通等。

需要注意的是，决定小时单向运能的基本参数是列车间隔、车辆定员与列车编组辆数因此，按小时单向运能对轨道交通进行分类并不是绝对的。同一轨道交通类型、不同线路的运能相差较大，甚至处于不同的运量等级也并非罕见。

4）按路权专用程度分类

按路权专用程度的不同，轨道交通主要有线路全封闭、线路半封闭和线路不封闭三种类型。

（1）线路全封闭型。线路全封闭，路权专用，轨道交通与其他交通无平面交叉。列车或车辆按信号指挥运行，行车速度高、安全性好。如地铁、市郊铁路、高标准轻轨、单轨和自动导向交通等。

（2）线路半封闭型。线路半封闭，大部分路权专用，但轨道交通与其他交通有平面交叉，平交道口设置防护信号，轨道交通列车按设定条件优先通过。如中等技术标准的轻轨。

（3）线路不封闭型。线路不封闭，路权共用，轨道交通与其他交通车辆混合行驶，受到干扰多，行车速度较低。如低技术标准的轻轨。

5）按线路服务区域分类

按线路服务区域，轨道交通主要有市区线、市域线和区域线三种类型。

（1）市区线。线路的起讫点在中心城内，为市区范围的出行提供客运服务。

（2）市域线。线路穿越中心城，但线路的起讫点在中心城外围（近郊区），为市区与近郊区、近郊区与近郊区之间的出行提供客运服务。

（3）区域线。线路呈放射状，线路的一端通常位于中心城或中心城外围的轨道交通环线上，另一端位于远郊区或都市圈卫星城镇，为中心城与远郊区、中心城与都市圈卫星城镇间的出行提供客运服务。

4. 轨道交通系统构成

轨道交通系统的主要技术设备有五大类：线路、车站、车辆及车辆基地、控制系统、其他重要的设备系统。

1）线路

（1）线路种类。根据其在运营中的作用，轨道交通线路可以分为正线、辅助线和车场线三类。

① 正线。正线是指连接两个车站并从区间伸入或贯穿车站、行驶载客列车（载客列车行驶速度快，对线路道岔技术要求更高）的线路。包括区间正线和车站正线。

② 辅助线。辅助线是指车站内进行列车到发、通过、折返作业的线路，停放列车的线路、列车进出车辆段（停车场）的线路，以及将线网中的不同线路、车辆段与铁路连接起来的线路。一般不行驶载客列车（一般作业速度偏慢，可采用更低技术标准的线路道岔）包括车站侧线、折返线、渡线、存车线、出入段线、安全线和联络线等。

③ 车场线。车场线是指在车辆段（停车场）内进行车辆停放、编组、列检、检修、清洗和调试等作业的线路。这些线路包括停车线、列检线、洗车线、牵出线和试车线等。

（2）线路敷设方式。轨道交通线路敷设有地下、高架和地面三种方式。

① 地下线路敷设。根据埋设深度不同，可以分为浅埋、中埋和深埋等情形。隧道横断面形式有单跨矩形双跨矩形、圆形和马蹄形等。采用无渣轨道结构和"高站位、低区间"的节能纵坡纵断面设计。

② 高架线路敷设。敷设在高架桥上，大都采用混凝土结构，其墩柱应具有足够的强度和稳定性，造型设计还应与城市景观协调。

③ 地面线路敷设。有路权共用和路权专用两类。路权共用的地面线路通常敷设在街道上，有布置在道路两侧、道路一侧、道路中央等情形

（3）线路主要技术标准。根据远期高峰小时单向运输能力，大运量轨道交通通常采用 A 型车或 B 型车，而中运量轨道交通通常采用 C 型车。由于小半径曲线存在许多缺点，如轮轨磨耗大、噪声大等，实践中应尽量避免采用小半径曲线。

车站应尽可能设置在直线上，高架车站与地面车站的线路一般应采用平坡，地下车站的线路考虑排水需要，需设置 2%～3%的坡度等。

（4）限界。限界是指为了保证列车在线路上的运行安全，防止车辆与沿线设备、建筑物发生碰撞而规定的车辆、设备和建筑物不得超出或侵入的轮廓尺寸线，是工程建设、设备和管线安装等必须遵守的依据。

① 车辆限界是指车辆在正常状态下最大动态轮廓尺寸线。
② 设备限界介于车辆限界与建筑限界之间,是安装沿线设备不得侵入的轮廓尺寸线。
③ 建筑限界是线路必须具有的最小有效断面的轮廓尺寸线。
所有限界均按列车以计算速度在直线段运行的条件进行确定。

2) 车站

轨道交通车站是乘客上下车、换乘的场所,也是列车到发、通过、折返或临时停车的地点。

(1) 车站的分类。可以从不同的角度进行分类。
① 按运营功能分为终点站、中间站、折返站和换乘站。
② 按是否具有站控功能分为集中控制站和非集中控制站。
③ 按站台形式分为岛式站台车站、侧式站台车站和岛侧混合式车站。
④ 按客流量大小分为不同等级的车站。
⑤ 按是否有人管理分为有人管理站和无人管理站。
⑥ 按线路敷设方式分为地下站、高架站和地面站。

(2) 车站的选址。车站选址应考虑沿线土地利用规划,将车站设置在大型客流集散点,并尽可能与附近的交通枢纽、商业中心融为一体,以吸引客流,缓解地面交通拥挤现状。

站间距的合理确定要基于对乘客出行时间、车站造价和运营费用的综合考虑。延长站间距可以增加乘客到站距离,从而增加到站时间,但同时也可以提高列车运行速度,减少乘车时间,减少车站数量和列车停站次数,从而降低车站造价和运营费用。

站间距确定的原则:在市区客流较大区段,站间距可适当较短,约为 1 000 m;在郊区客流较小的区段,站间距宜适当延长,为 1 500~2 000 m。

此外,车站选址还应考虑地质、地形、景观、施工难易程度、拆迁工作量等因素。

(3) 车站基本构成。车站通常由出入口、站厅、站台和生产用房等组成,通道、扶梯和自动扶梯将出入口、站厅和站台连接起来。在决定车站规模和设备容量的各项因素中,最重要的是车站远期高峰小时最大客流量。

① 出入口。是乘客由地面进入站厅或由站厅到达地面的通道。出入口的位置应满足城市的规划、交通功能的要求,与客流进出主要方向一致,并尽可能与换乘枢纽、商场、办公楼、停车场等相连通。

② 站厅。站厅区域可以分为非收费区、收费区、作业管理区、机电设备区等不同的部分。

③ 站台。站台供列车停靠和乘客候车、上下车使用。站台长度是根据远期列车长度以及停车预留距离确定的。站台宽度根据车站类型、高峰客流量、列车间隔时间和楼梯位置等因素决定。站台高度有高站台和低站台两种。

④ 生产用房。车站生产用房主要包括作业用房、管理用房和设备用房三类。

⑤ 行车、客运作业用房包括车站控制室、售票室、广播室、问讯处和休息室等

⑥ 车站的管理用房包括站长室、站务室、票务室、警务室和储存室等多个部分。

⑦ 各种设备用房包括通信、信号、自动售检票、变电、环控、屏蔽门、防灾和给排水等设备用房。

3）车辆及车辆基地

（1）车辆。车辆是输送乘客的运载工具，轨道交通车辆不但应保证安全、快速、大容量等功能，具有良好、舒适的乘车环境，还应节能，并在外观设计方面有助于美化城市景观、环境。轨道车辆大都采用电力牵引，但市郊铁路也有采用内燃机车牵引的情形。车辆通常是编组成列车运行，并且大都采用动拖组合、全列贯通的编组形式。例如，地铁列车在 6 节编组时，列车中的动拖组合可以是：Tc－Mp－M－M－Mp－Tc 形式（Tc 是带司机室拖车、Mp 是带受电弓动车、M 是不带受电弓动车）。

车辆分类如下。

- 按技术特征的不同分为地铁车辆、轻轨车辆、单轨车辆等。
- 按支承、导向制式的不同分为钢轮车辆、胶轮车辆。
- 按容量的不同分为大容量车辆、中容量车辆、小容量车辆。
- 按车辆质量不同分为重型车辆、轻型车辆。
- 按牵引动力配置的不同分为动车、拖车。
- 按牵引电机种类不同分为旋转电机车辆、直线电机车辆。

车辆的基本构造包括车体及附属设备、走行部（转向架）、牵引动力装置、制动装置、车钩缓冲装置和电气系统等。

① 车体及附属设备。车体是车辆中乘客乘坐、司机驾驶的部分，分为司机室车体和非司机室车体两种。车体由底架、侧墙、端墙、顶板、车门与车窗等组成。车体一般采用轻质合金材料，以降低车辆自重。

② 附属设备。附属设备分为两类，一类是与乘车环境有关的设备，包括座椅、扶手、照明、空调、通风设备等；另一类是与车辆运行、控制有关的设备，包括蓄电池箱、继电器箱、主控制器箱、空气压缩机、牵引箱等。

③ 走行部。走行部是车辆在牵引动力作用下沿线路运行的部分，引导车辆沿钢轨或轨道（梁）运行，将荷载、冲击力等传递给轨道。车辆上采用转向架支撑车体，承受并传递从车体至车轮或从轮轨至车体的各种载荷及作用力，并使轴重均匀分配。转向架可以分为动车转向架、拖车转向架、钢轮转向架和胶轮转向架等多种类型。转向架一般由构架、轮对轴箱装置和弹簧减振装置等组成，动车转向架还装有牵引电动机及传动装置。

④ 牵引动力装置。主要是受流器与牵引电动机，受流器是从接触网或导电轨将牵引电流引入动车的装置，有受电弓受流器和第三轨受流器，牵引电动机是动车上产生驱动力的装置，有旋转电机和直线电机两大类。

⑤ 制动装置。制动装置的作用是产生制动力，使列车减速或在规定的地点前停车，制动装置的性能对列车运行安全、提高运行速度及通过能力有直接影响。

车辆制动主要有电气制动（动力制动）与机械制动（摩擦制动）两类，一般制动时优先采用电气制动，制动力不足时辅以机械制动，车辆的机械制动装置采用空气制动机。

列车的制动有以下几种模式：

- 常用制动。正常运行时使用的制动方式。在常用制动时，优先考虑使用电制动，而在电制动中，则优先考虑使用再生制动。当电制动不能满足要求时，空气制动可以迅速、平滑地补充，从而实现混合制动。

- 保压制动。列车低速运行时，电制动退出，空气制动接替。列车停止时仍保持一定的空气制动，使列车在超载情况下，保持在3.8‰的坡度上不会溜车。

- 紧急制动。紧急情况下使用，列车以最大制动力制动并落下受电弓，紧急制动为空气制动。

- 快速制动。是一种特殊的制动，是常用制动的属性，但具有紧急制动的最大制动力。与紧急制动不同，快速制动不会落下受电弓。

- 停放制动。是被动制动。

- 车钩缓冲装置。车钩缓冲装置由车钩、缓冲器、电路和气路连接设备组成。其作用首先是实现车辆与车辆的机械、电路与气路的连接，使车辆编组成列车，并传递动车牵引力；其次是吸收与缓和因列车加减速而引起的车辆间纵向冲击力，延长车辆使用寿命。

- 电气系统。电气系统包括车辆上的各种电气设备及其控制电路，可分为主电路、辅助电路和控制电路三个子系统。

主电路是车辆上高电压、大电流、大功率的动力回路。主电路的作用是将电能转变为动能，驱动车辆运行，或通过电气制动将车辆的动能转变为电能，使车辆减速制动。北京地铁的直流电压为750 V，上海地铁的直流电压为500 V。受流装置从接触网或第三轨引入车辆内部，供给辅助逆变器和牵引逆变器，牵引逆变器为牵引电机提供电源，辅助逆变器为车辆电气设备提供电源。

辅助电路是为车辆上的空气压缩机、通风机、空调装置和照明设备等提供用电的子系统。辅助逆变器提供三种电源：为列车上所有三相负载提供380 V/50 Hz 三相交流电源，如风机、空调、空气压缩机等。提供220 V/50 Hz 的交流电源，包括插座、照明等。110 V 直流辅助电压为110 V 的直流负载供电并为蓄电池充电。

控制电路是实现司机或列车自动驾驶系统（ATO）对主电路和辅助电路中各种电气设备的控制的电路。

（2）车辆基地。车辆基地是车辆段与停车场的统称。

① 车辆段。车辆段是车辆运用、停放、检修，以及进行列车技术检查、车辆清扫洗刷等日常保养维修作业的场所。

② 停车场。除了承担车辆定期检修作业外，其余功能与车辆段相同。

车辆段的设施从使用功能上分为生产设施、辅助生产设施和办公生活设施三部分。其中生产设施又分为运用设施和检修设施两类。

a）运用设施包括停车库、列检库、停车线、列检线、洗车线、出入段线、牵出线和信号楼等。

b）检修设施包括定修库、架修库、定修线、架修线、临修线、静调线和试车线等。

车辆基地设置原则上每条线路设置一个车辆段，在线路长度超过 20 km 时，按"一段一场"设置。

在轨道交通线网多线运营的情况下，从控制轨道交通建设投资、车辆检修设备的资源共享，以及减少车辆基地用地的目的出发，两条以上线路合用车辆基地检修设施已受到重视。段场合建是指将不同线路的两个车辆基地合建在一起，通过段、场之间的地面联络线，实现不同线路之间的连通，从而实现两个车辆基地运用、检修设施的资源共享。

4）控制系统

控制系统的作用是保障列车运行安全、提高线路通过能力、保证作业协调与提高运营效率。控制系统主要由信号系统、通信系统和控制中心构成。

（1）信号系统。广义的信号设备是信号、联锁和闭塞设备的总称。

① 信号设备。为了适应列车速度的提高和列车间隔的缩短的要求，新建轨道交通线路大都采用列车自动控制(ATC)系统。ATC 系统是在传统的信联闭设备（即信号、联锁、闭塞设备）、调度集中系统基础上，应用信息、通信、计算机、自动控制等先进技术，实现以列车速度自动控制为核心的新型信号系统。

信号设备主要是指视觉信号设备，包括车载信号设备、色灯信号机、信号灯和信号旗等。

车载信号设备是安装在车辆上的信号设备，通过轨道电路等接收来自地面的信息，控制列车安全地追踪运行，并以速度码显示。

色灯信号机设置在正线、车站和车辆段的特定位置，用于指示列车运行或车辆调移的命令。这些信号机包括出站信号机、防护信号机、进场信号机、出场信号机和阻挡信号机等多种类型。

信号灯和信号旗在显示手信号时采用，一般昼间使用信号旗、夜间使用信号灯，地下站按夜间办理。

信号表示器不具有防护功能，而是侧重于指示行车设备的位置、状态和信号显示的某种附加含义。有发车表示器、进路表示器、道岔表示器和车挡表示器等。

信号标志设置在线路一侧，用来表示所在位置的某些状态或要求。有停车位置标、警冲标、站界标和司机鸣笛标等。

② 联锁设备。联锁设备设置在有道岔的车站和车场范围内，在道岔、信号机、进

路之间建立起一种相互制约的联锁关系，保证列车运行与调车作业的安全。有电气集中联锁设备和微机联锁设备两种。

采用电气集中联锁设备时，道岔、信号机的控制、进路的排列均集中在控制中心及车站控制室和车辆段信号楼。

微机联锁设备包括硬件和软件两部分。微机联锁设备具有排列进路速度快、可靠性与安全性高、便于增加新功能、能降低投资费用与减少维护工作量等优点，因此是联锁设备的发展方向。

③ 闭塞设备。为防止同向列车追尾或对向列车冲撞，正常情况下，在线路上运行的列车通过行车闭塞来实现按空间间隔法行车，实现行车闭塞的设备称为闭塞设备。有固定闭塞设备和移动闭塞设备两类。

采用固定闭塞设备时，区间线路被划分为若干个固定的闭塞分区，每个闭塞分区内都设有轨道电路。追踪运行列车的间隔为若干个固定的闭塞分区或轨道电路区段。地对车的信息传输通过轨道电路实现。有三显示带防护区段自动闭塞设备和四显示自动闭塞设备等类型。

在采用移动闭塞设备时，区间线路不会被划分为固定的闭塞分区，也不会设置固定的制动减速点。追踪运行列车的间隔为后行列车制动距离加上安全防护距离。车地间双向信息传输通过交叉感应环线或无线通信技术实现。

移动闭塞设备能实现连续、双向信息传输和列车运行控制，并在确保安全前提下提高通过能力，所以是闭塞方式的发展趋势。

（2）通信系统。通信系统由光纤数字传输、专用通信、公务通信、无线通信、闭路电视监控和有线广播等子系统组成。是轨道交通实现安全高效的调度指挥与运营管理，确保各部门、各单位间公务联系，以及向乘客提供信息、提高服务水平的必备手段。

① 光纤数据传输系统。它由光缆、电端机和光端机组成，为程控交换网、无线通信、闭路电视监控和车站广播等系统提供信道，为电力、环控、防灾报警和自动售检票等设备的数据传输提供信道。

② 调度指挥通信系统。此系统为专用通信系统，它为列车运行组织有关的作业联系提供通信手段，包括有线调度电话、站间行车电话、站内直通电话和区间轨旁电话。

③ 有线调度电话。根据城市轨道交通列车运行和业务管理要求，设置列车调度电话、电力调度电话、防灾环控调度电话。

④ 站间行车电话。又称闭塞电话，是相邻车站值班员间办理行车业务时使用的直通电话由总机、分机和传输通道三部分组成。

⑤ 区间轨旁电话。该设备由电话机箱、便携式电话机和传输线路组成，可供区间列车司机和维修人员与相邻行车值班员及相关部门进行紧急联系或通话。

⑥ 公务通信系统。为轨道交通各单位、各部门之间以及轨道交通与外部的公务联系提供通信手段，使其能直接接入市内电话网。

⑦ 无线通信系统。为流动作业人员（如列车司机、设备维修人员和抢险救灾人员等）提供通信手段。它是双向无线通信，通常采用几个不同的频率对，分别服务于不同覆盖范围内的业务联系。

⑧ 闭路电视监控系统。设置闭路电视监控系统是为了向行车、安全有关人员提供列车和车站的各种监控画面，以便行车与安全有关人员能够及时发现并处理可能危及行车安全和乘客安全的突发事件。

⑨ 有线广播系统。主要用于控制中心和车站对乘客和工作人员进行广播。

（3）控制中心。运营控制中心是行车组织、电力监控、车站设备监控和防灾报警监控的调度指挥中枢，同时也是通信枢纽与信息交换处理中心。

控制中心具有行车调度、电力调度、环控调度和维修调度等多种调度指挥职能。在事故、灾害情况下，控制中心是突发事件处理指挥中心。

正常情况下，列车运行由 ATC 系统自动监控。列车按 ATS 指令在 ATP 的保护下由 ATO 实现自动驾驶，列车进路按 ATS 的指令、由车站连锁设备自动排列，列车调度员则监控列车的运行。在列车运行秩序紊乱不能进行自动调整或者发生其他紊乱不能进行自动处理的特殊情况时，列车调度员可人工介入。

电力调度系统对变电所、接触网设备进行实时监控和数据采集，掌握和处理供电设备的各种故障，保证供电的可靠性与安全性。

环控调度系统负责监控全线各站典型区域的温度、湿度、CO_2 等环境参数，以及各区间的危险水位报警信号。此外，它还监控全线车站的通风、空调和给排水设备，以及屏蔽门、自动扶梯和防淹门的运行；并根据具体情况下的环控要求，向车站下达区间隧道通风设备的运行模式指令。

在轨道交通线网多线运营的情况下，合用控制中心有助于资源共享、提高轨道交通投资建设与运营管理的效率。控制中心的资源共享包括土地与空间、人力与物力、信息管理等方面的资源共享。

4.1.3.2 全日行车计划

城市轨道交通运营计划

全日行车计划是营业时间内各个小时开行的列车数计划，它是编制列车运行图和确定车辆运用的基础资料。全日行车计划是根据营业时间内分时最大断面客流量、列车定员人数、车辆满载率，以及希望达到的服务水平进行编制的。

1. 编制资料

（1）营业时间。营业时间的安排主要考虑两个因素：市民出行活动的特点，方便乘客；满足轨道交通各项设备检修施工的需要。大多数城市的轨道交通营业时间在 18～20 h，个别城市是 24 h 运营，如纽约和芝加哥。适当延长运营时间，是轨道交通提高服务水平的体现。

（2）分时最大断面客流量。站间 OD 客流数据是计算最大断面客流量的原始资料。

根据站间 OD 流数据，首先计算出各站上下车人数，然后计算出断面客流量，最后得到最大断面客流量。对于新投入运营的线路，站间 OD 客流数据来源于客流预测资料；对于既有运营线路，站间 OD 客流数据来源于客流统计或客流调查资料。

分时最大断面客流量可以在已知高峰小时最大断面客流量的基础上，根据分时客流占高峰小时客流的比例进行确定或者在已知全日最大断面客流量的基础上，按分时客流占全日客流的比例进行确定。

（3）列车定员数。列车定员数是列车编组辆数和车辆定员数的乘积。列车编组辆数的确定以高峰小时最大断面客流量作为基本依据。此外还取决于列车间隔、车辆选型、站台长度和轨道交通保有的运用车辆数等因素。

车辆定员数取决于车辆的尺寸、车厢内座位布置方式和车门设置数。一般来说，车辆长宽尺寸越大载客越多，车厢内座位纵向布置较横向布置载客要多。

（4）线路纵断面满载率。线路纵断面满载率是指单位时间内、特定断面上的车辆载客能力利用率。通常是指早高峰小时、单向最大客流断面的车辆载客能力利用率。反映了列车在最大客流断面的满载程度，也反映了乘客的舒适程度。为提高车辆利用率、降低运输成本，在编制全日行车计划时，高峰小时可适当超载：

2. 编制步骤

（1）计算分时开行列车数：
$$n_i = \frac{p_{max}^i}{p_{列}\beta} \quad (4-1)$$

式中：n_i——分时开行列车数，列或对；

p_{max}^i——分时最大断面客流量，人；

$p_{列}$——列车定员数，人；

β——线路断面满载率。

（2）计算分时行车间隔：
$$t_{间隔}^i = \frac{3\,600}{n_i} \quad (4-2)$$

式中：$t_{间隔}^i$——分时行车间隔，s。

（3）最终确定全日行车计划。在计算得出分时开行列车数和行车间隔的基础上，应检查是否存在某段时间内行车间隔过长的情形。为提高服务水平，轨道交通的行车间隔在非高峰运营时间的 9:00—21:00 一般不宜大于 6 min，在其他非高峰运营时间一般不宜大于 10 min。高峰小时的行车间隔的确定应检验与列车折返能力是否相适应。

3. 编制算例

第一步：计算分时最大断面客流量。

根据轨道交通线路站间到发 OD 客流量表，计算出全日最大断面客流量。然后根据各时间段客流量与最大断面客流量的比例关系，计算得到分时最大断面客流量数据。

【例 4-1】已知某线路高峰小时站间到发 OD 客流量如表 4-2 所示。

根据 OD 客流量表，首先计算出各车站分方向上下车的人数，如表 4-3 所示。计算方法为：先规定好行车方向，如规定 A 至 H 为下行方向，则 OD 表中对角线的上三角部分数据为下行客流数据，而下三角部分数据为上行客流数据。某车站下行方向的上客人数为该车站所在行中上三角数据部分除去合计之外的数据之和；而该车站下行方向的下客人数为该车站所在列中上三角数据部分的数据之和。反之，若是上行方向，则取下三角部分的数据即可，其他方法相同。

表4-2 站间到发 OD 客流量表

发/到	A	B	C	D	E	F	G	H	合计
A	—	5 830	5 200	6 200	3 505	8 604	9 620	17 658	56 617
B	6 890	—	1 420	4 575	3 694	5 640	6 452	14 566	43 237
C	4 580	1212	—	423	724	2 100	2 430	3 511	14 980
D	6 520	2 454	523	—	423	1 247	1 434	3 569	16 170
E	3 586	1 860	866	513	—	356	1 211	2 456	10 848
F	7 625	6 320	1 724	2 413	385	—	750	4 857	24 074
G	9 654	8 214	2 130	4 547	1 234	960	—	1 463	28 202
H	15 607	12 500	4 324	5 234	2 567	5 427	2 401	—	48 060
合计	54 462	38 390	16 187	23 905	12 532	24 334	24 298	48 080	242 188

表4-3 各车站分方向行别上下车人数

下行上客数	下行下客数	车站	上行上客数	上行下客数
56 617	0	A	0	54 426
35 347	5 830	B	6 890	32 560
9 188	6 620	C	5 792	9 567
6 673	11 198	D	9 497	12 707
4 023	8 346	E	6 825	4 186
5 607	17 947	F	18 467	6 487
1 463	21 897	G	26 739	2 401
0	48 080	H	48 060	0

根据式（4-2），从起始站开始，逐个推算上下行方向各断面的客流量数据。如上例，下行方向从 A 站开始推算，上行方向 B 开始推算。得到各断面分方向旅客流量如表4-4所示。

表 4-4　各断面分方向行别客流量

下行	区间	上行	下行	区间	上行
56 617	A-B	54 462	80 854	E-F	84 478
87 134	B-C	80 132	68 514	F-G	72 398
89 702	C-D	83 907	48 080	G-H	48 080
85 177	D-E	87 117			

从表 4-4 即可得到最大客流断面为 C-D 段下行区间,其客流量为 89 702 人(why?)。若各时间段客流量与高峰小时客流量的比例如表 4-5 所示,则可计算出分时最大断面客流量。

第二步:计算分时开行列车数。

按照式(4-1)计算。上例中,设车辆定员为 310 人,列车编组为 6 辆,满载率早晚高峰小时为 1.1,其他时间段为 0.9,则高峰小时客流断面的开行列车数计算如下,同理算得各时间段的开行列车数如表 4-5 所示。

表 4-5　分时客流量与高峰小时客流量比例

时间段	比例	客流量	开行列车数	时间段	比例	客流量	开行列车数
5:00—6:00	0.18	16 164	10	14:00—15:00	0.57	51 130	31
6:00—7:00	0.41	36 778	22	15:00—16:00	0.68	60 997	37
7:00—8:00	1	89 702	44	16:00—17:00	0.86	77 144	38
8:00—9:00	0.74	66 379	40	17:00—18:00	0.63	56 512	34
9:00—10:00	0.49	43 954	27	18:00—19:00	0.43	38 572	23
10:00—11:00	0.52	46 645	28	19:00—20:00	0.24	30 499	19
11:00—12:00	0.64	57 409	35	20:00—21:00	0.27	24 220	15
12:00—13:00	0.59	52 924	32	21:00—22:00	0.24	21 528	13
13:00—14:00	0.55	49 336	30	22:00—23:00	0.16	14 352	9

$$n = \frac{89\,702}{310 \times 6 \times 1.1} \text{辆} = 43.84 \text{辆} \approx 44 \text{辆}$$

由于列车数只能是整数,所以计算结果必须取整。轨道交通属于公共客运服务,如无特殊情况必须满足正常的客运需求。因此,取整方法一般都是向上取整,即不论小数点后为多少,一律进一。个别情况除外,即当满载率取值为小于 1 时,并且小数点后的值较小时,可以向下取整,如表 4–5 中 18:00—19:00 时间段所示。这是由于满载率取值小于 1,代表所提供的服务水平高于标准服务水平,列车还有一定的载客潜力,同时又因为多出的客流量不大,通过挖掘各趟列车的载客潜力即可完成客流量运输任务,从节约成本的角度出发,不用加开列车。

第三步:计算分时行车间隔。

按照式(4–2)计算得出各时间段的分时行车间隔如表 4–6 所示。

表 4–6 分时行车间隔计算结果

时间段	列车数	计算行车间隔/s	最终行车间隔/s	时间段	列车数	计算行车间隔/s	最终行车间隔/s
5:00—6:00	10	360	360	14:00—15:00	31	116	116
6:00—7:00	22	164	164	15:00—16:00	37	97	97
7:00—8:00	44	82	82	16:00—17:00	38	95	95
8:00—9:00	40	90	90	17:00—18:00	34	106	106
9:00—10:00	27	133	133	18:00—19:00	23	157	157
10:00—11:00	28	129	129	19:00—20:00	19	189	189
11:00—12:00	35	103	103	20:00—21:00	15	240	240
12:00—13:00	32	113	113	21:00—22:00	13	277	277
13:00—14:00	30	120	120	22:00—23:00	9	400	400

第四步:最终确定全日行车计划。

在计算得出分时开行列车数和行车间隔的基础上,应检查是否存在某段时间内行车间隔过长的情形。为提高服务水平,轨道交通的行车间隔在非高峰运营时间的 9:00—21:00 一般不宜大于 6 min,在其他非高峰运营时间一般不宜大于 10 min(各城市轨道交通线路根据自身情况具体规定有所不同)。

高峰小时行车间隔的确定应检验与列车折返能力是否相适应。

在算例中,经过检查,计算所得的行车间隔都满足服务水平要求,无需进行调整,因此作为最终行车间隔取用,如表 4-6 所示。

4.1.3.3 列车开行方案

列车开行方案包括列车编组方案、列车交路方案和列车停站方案三部分。列车编组方案规定了列车是固定编组还是非固定编组,以及编组辆数。列车交路方案规定了列车的运行区段与折返车站。列车停站方案规定了列车是站站停车还是非站站停车,以及非站站停车的方式。此外,列车开行方案还规定了按不同编组、交路和停站方案开行的列车数。

列车开行方案是日常运营组织的基础。列车开行方案的比选应遵循客流分布特征与运营经济合理兼顾的原则，以实现既能维持较高的乘客服务水平，又能提高车辆运用效率的目标。

1. 列车编组方案

列车编组方案主要有大编组方案和小编组方案。大编组方案是指在运营时间内列车编组辆数固定且相对较多，如地铁列车采用的 6 辆或 8 辆编组的情形。小编组方案是指在运营时间内列车编组辆数固定且相对较少，如地铁列车采取 3 辆或 4 辆编组的情形。

大小编组方案是指在运营时间内列车编组辆数不固定的情况。一种是在客流非高峰时段编组辆数相对较少，在客流高峰时段编组辆数相对较多，如 3/6、4/6、4/8 辆编组；另一种是在全日运营时间内均采用大小编组。离开一定的客流条件来讨论列车编组方案的比选是无意义的。只有在客流量尚未达到设计客流量，并且分时客流不均衡程度较大的情况下，才有必要对列车编组方案进行比选。

影响列车编组方案选用的主要因素是客流、通过能力和车辆选型。此外还需要考虑乘客服务水平、车辆运用经济性以及运营组织复杂性等因素。

（1）客流因素。主要是指高峰小时最大断面客流与分时客流的不均衡程度。在车辆选型、列车间隔一定的情况下，客流较大，列车编组也较大。

（2）车辆选型的依据是高峰小时最大断面客流量。当高峰小时最大断面客流量超过 3 万人时应采用 A 型车和 B 型车，车辆定员分别为 310 人和 230 人。从提供必要的小时列车运能出发，在车辆定员一定的情况下，为适应小编组方案，列车间隔应相应压缩，但列车间隔的压缩受到线路通过能力和列车折返能力的制约。

（3）乘客服务水平因素。在进行列车编组方案比选时，应考虑不同编组方案的乘客服务水平。在客流量不大、列车密度较低的情况下，与大编组方案相比，采用小编组方案时的乘客候车时间较短。因此，小编组方案有助于提高乘客服务水平。

（4）车辆运用经济性。采用小编组方案，对提高列车满载率及降低牵引能耗具有积极的意义，但动车比例的增加会导致车辆平均价格的上升，而小编组列车开行数的增加也会使乘务员配备数增加。

（5）运营组织的复杂性。与采用固定编组方案相比，在选用大小编组方案时，列车的编组与解体、高峰与非高峰时段的过渡以及列车间隔的调整等均增加了运营组织的复杂程度。

2. 列车交路方案

列车交路有常规交路、混合交路和衔接交路三种。

（1）常规交路又称为长交路，是指列车在线路的两个终点站间运行，到达线路终点站后折返（见图 4-1）。采用常规交路方案行车组织简单、乘客无须换乘、不需要设置中间折返站。若线路各区段断面客流不均衡程度较大，则会产生部分区段列车运能的浪费。

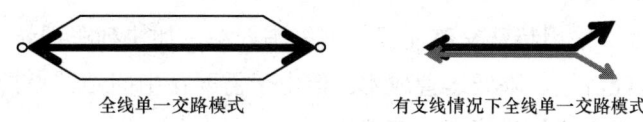

图 4-1 常规交路模式

（2）混合交路又被称为长短交路，长短交路列车在线路的部分区段共线运行，长交路列车到达线路终点站后折返，短交路列车在指定的中间站单向折返（见图 4-2）。采用混合交路方案可提高长交路列车满载率、加快短交路列车周转，但部分乘坐长交路列车的乘客候车时间增加，需要设置中间折返站。

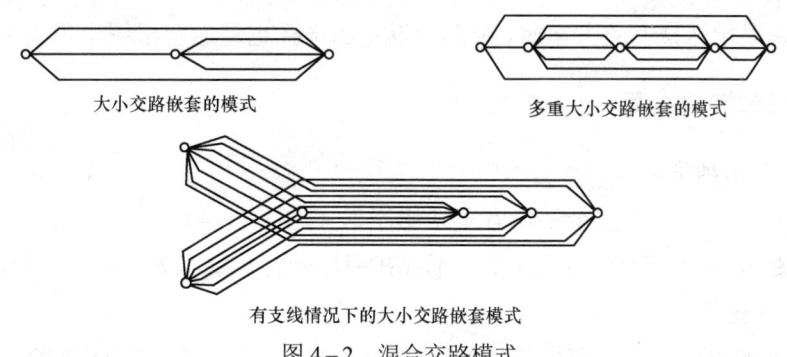

图 4-2 混合交路模式

（3）衔接交路又称为短交路，是长短交路的衔接组合，列车只在线路的某一区段内运行，并在指定的中间站折返（见图 4-3）。采用衔接交路方案可提高断面客流较小区段的列车满载率，但跨区段出行的乘客需要换乘，以及需要设置中间折返站。短交路列车在中间站是双向折返，增加了折返作业的复杂性。

图 4-3 相互衔接的小交路式

符合客流的空间分布特征是列车交路方案选用的前提条件和必要条件。影响列车交路方案的比选因素如下。

① 客流的空间分布特征。只有在线路各区段断面客流分布不均衡程度较大时，才有必要对常规交路和特殊交路方案进行比选。当断面客流分布为阶梯形时可以选择混合交路或衔接交路方案；当断面客流分布为凸字形时可以选择混合交路方案；当断面客流分布比较均衡时，一般选择常规交路方案。

② 乘客服务水平。在采用混合交路时，部分乘坐长交路列车的乘客会增加候车时间在采用衔接交路时，跨区段出行的乘客需要在中间折返站换乘。因此，采用特殊交路会使部分乘客增加出行时间从而导致乘客服务水平的下降。特殊交路方案对乘客服务水平影响的程度，取决于乘坐长交路列车或跨区段出行乘客的数量及其所占比例。如果乘客出行时间增加较大，一般不宜采用特殊交路方案。

③ 运营经济性。采用特殊交路能提高列车满载率、加快列车周转、减少运用车数，从而提高车辆运营经济性、降低运营成本。但由于需要在中间站铺设折返线、道岔和安装信号设备，因此也会增加投资和运营费用。

④ 通过能力适应性。在采用特殊交路方案时，不同交路列车的折返作业可能会产生进路干扰，此时，线路折返能力，甚至最终通过能力均有可能降低。因此，通过能力是否适应是采用特殊交路方案的充分条件之一。

⑤ 运营组织复杂性。由于列车按不同的交路运行并在中间站折返，以及需要加强乘车导向服务，特殊交路方案的运营组织要比常规交路方案复杂。

此外，在采用特殊交路方案时，中间折返站的选择也是运营组织中需要考虑的问题。

4.1.3.4 列车停站方案

1. 列车停站种类

（1）站站停车。列车在全线所有车站均停车（见图4-4）。

优点：线路上开行列车种类简单，不存在列车越行，乘客无须换乘，也无须关注站台上列车信息显示。

缺点：在跨区段、长距离出行乘客比例较大时，站站停车在车辆运用与服务水平方面均未达到最佳状态。

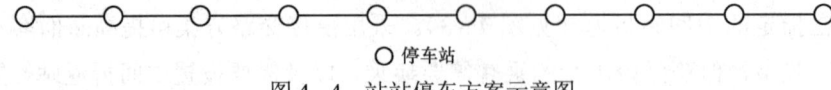

图4-4 站站停车方案示意图

（2）区段停车。在长短交路情况下采用。长交路列车在短交路区段外每站停车，但在短交路区段内不停车通过；而短交路列车则在短交路区段内每站停车，短交路列车的终点站同时又是乘客换乘站（见图4-5）。

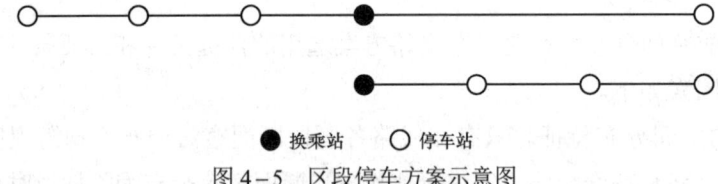

图4-5 区段停车方案示意图

优点：采用区段停车方案有利于压缩长距离出行乘客的乘车时间和减少车辆运用、降低运营成本。

缺点：在行车量较大的情况下可能会产生越行，需要修建侧线；且在不同交路区段上下车的乘客会增加换乘时间，而在短交路区段内上下车的乘客会延长候车时间。

（3）跨站停车。在长交路的情况下采用。将线路上开行的列车分为A、B两类，全线的车站分为A、B、C三类，其中A、B类车站按相邻分布的原则设置，C类车站按每隔4或6个车站选择一个的原则设置（见图4-6）。A类列车在A、C类车站停车，在B

类车站通过；B 类列车在 B、C 类车站停车，在 A 类车站通过。

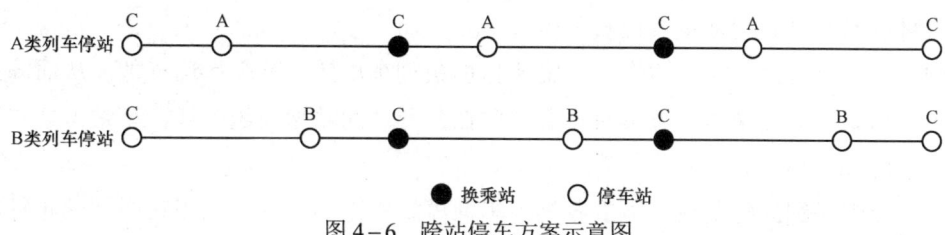

图 4-6 跨站停车方案示意图

优点：跨站停车方案比较适用于 C 类车站上下车客流较大，并且乘客乘车距离较远的情形。

缺点：由于 A、B 两类车站的列车到达间隔加大，在 A、B 两类车站上车乘客的候车时间有所增加；此外，在 A、B 两类车站间上下车的乘客需要在 C 类车站换乘，会增加换乘时间及带来不便。

（4）部分列车跨多站停车。部分列车跨多站停车是指线路上开行两类长交路列车，即普速、站站停列车和快速、跨多站停列车，快速列车只在线路上的主要客流集散站停车，而在其他站则不停站通过（见图 4-7）。

优点：该停车方案在提高跨多站停车列车旅行速度的同时，避免了跨站停车方案存在的部分乘客需要换乘问题，做到既能提高运营经济性，又不降低对乘客的服务水平且该停车方案运用比较灵活，运营部门可根据客流特征、按不同比例确定快速列车开行对数。

缺点：在线路通过能力利用率比较高的情况下，采用该停车方案通常会引起快速列车越行普速列车；如果不安排列车越行，则只能以损失线路通过能力来保证追踪列车间隔时间。

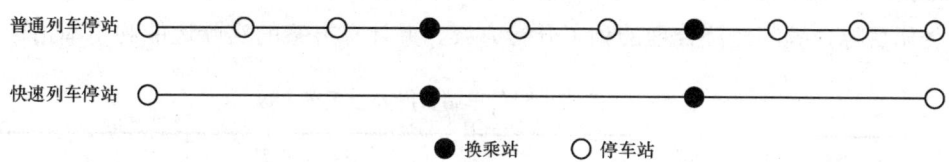

图 4-7 部分列车跨多站停车方案示意图

2. 影响列车停站方案比选的因素

（1）站间 OD 客流特征。在长距离出行乘客比例较大及某些发到站间的直达客流也较大时，采用非站站停车方案通常是有利的。在线路上以同一区段内发到的短途客流为主时不宜采用非站站停车方案。

（2）乘客服务水平。采用非站站停车方案是否可行，应根据站间 OD 客流情况，定量分析计算长途乘客节约的出行时间与部分乘客增加的换乘与候车时间。如果乘客的节约时间总和大于增加时间总和，或者乘客的节约时间与增加时间基本持平，采用非站站停车方案是可行的，能提高或至少不降低乘客服务水平。

(3) 列车越行问题。采用非站站停车方案，必须对列车越行相关问题，如列车越行判定条件、越行站设置数量及位置等做进一步分析。

(4) 运营经济性。非站站停车方案能够加快列车周转、减少运用车数，从而降低运营成本。但采用非站站停车方案时，通常要在部分中间站增设越行线，车站土建与轨道等费用的增加会引起车站造价上升。

(5) 运营组织的复杂性。由于各类列车的停站安排不同以及列车在中间站越行，控制中心、车站控制室对列车运行的监控以及站台上的乘车导向服务均应加强。因此，非站站停车方案的运营组织比站站停车方案更为复杂。

4.1.3.5 列车开行方案编制

1. 编制基础资料

(1) 线路站间到发 OD 客流数据。站间 OD 客流特征是编制列车开行方案的基础根据获得的 OD 客流矩阵，分析路段 OD 客流分布特征、车站乘降客流分布特征，找到线路的重点客运区段和重点客运车站，作为后期确定编组、交路和停站方案的基本依据。

(2) 线路基础设施及其能力数据。包括线路站间距、折返站的设置位置、每个折返站的折返能力、站台长度、车站是否设置配线以及配线的数量等。这些数据在确定列车交路计划、编组计划和停站方案时都需要用到。

(3) 车辆长度及定员数据。用于确定列车编组方案时使用。

2. 编制步骤

【例 4-2】已知某线路高峰小时各车站各行向上下车人数如表 4-7 所示，该线路采用 A 型车辆，长度 22.8 m，定员 310 人，高峰满载率取 1.1，沿线各站站台有效长度均为 200 m，该线路 A、C、F、G、H 站均为折返站且折返能力充足。试以提高运能利用率为优化目标，编制经济合理的列车开行方案，并计算方案的实际运能利用率指标。

表 4-7 高峰小时各车站各行向上下车人数

下行上客数	下行下客数	车站	上行上客数	上行下客数
15 617	0	A	0	24 462
13 347	1 830	B	7 890	8 560
5 188	2 620	C	8 792	7 567
6 673	11 198	D	4 497	7 707
1 023	15 346	E	16 825	4 136
5 607	7 947	F	12 467	6 387
1 463	1 897	G	2 739	2 401
0	8 080	H	8 060	0

第一步：根据客流数据，找出重点客运区段和重点客运车站。

（1）计算车站乘降量集中率。

各车站分方向乘降量从大到小排序如表4-8所示。

由大到小累加各站的乘降量 Q_m，至达到全线乘降量 Q 的40%，求得 m 值。

$$D_m = \sum_{i=1}^{m} D_i, D_m \geqslant 0.4Q, \ G = 1 - \frac{m}{n} \qquad (4-3)$$

根据式（4-3），求得上、下行方向 m 值均为3。计算集中率如下：

$$G = 1 - m/n = 1 - 3/8 = 0.625$$

表4-8 各车站分方向乘降量排序表

序号	车站	下行乘降量	序号	车站	上行乘降量
1	D	17 871	1	A	24 464
2	E	16 369	2	E	21 011
3	A	15 617	3	F	18 854
4	B	15 177	4	B	16 450
5	F	13 554	5	C	16 359
6	H	8 080	6	D	12 204
7	C	7 808	7	H	8 060
8	G	3 360	8	G	5 140

由此可见，该线乘客乘降量并未过度集中于极少数车站，不需要采用非站站停车方案。

（2）计算路段客运量比例。

由表4-7计算得出的断面分方向客流量如表4-9所示。

表4-9 各断面分方向行别客流量

下行	区间	上行	下行	区间	上行
15 617	A-B	24 462	10 854	E-F	14 478
27 134	B-C	25 132	8 514	F-G	8 398
29 702	C-D	23 907	8 080	G-H	8 060
25 177	D-E	27 117			

观察表4-9中数据可知，A-E区段的客运量占总客运量的比例达到75%以上，因此可考虑采用非常规交路来满足客运需求。由于E站不是折返站，为完整覆盖大客流量区段，拟安排在F站进行小交路列车折返作业。

$$C_{\text{下}} = \frac{Q_{\text{A-E}}}{Q_{\text{总}}} = \frac{97\,630}{125\,078} \approx 0.78, \quad C_{\text{上}} = \frac{Q_{\text{A-E}}}{Q_{\text{总}}} = \frac{100\,618}{131\,554} \approx 0.76$$

观察表 4-7 发现，两个方向的 G 站和 H 站上下车总人数都超过了 11 000 人，且大多数为跨区段出行，因此不适宜采用衔接交路方案。

综上分析，此例拟采用站站停车的大小交路套跑方案，大交路的运行区间为 A-H，小交路运行区间为 A-F。

第二步：确定列车开行计划。

根据题意，站台有效长度为 200 m，车辆长度为 22.8 m，则站台的允许最大编组数为 8 而断面最大客流量为上行方向 A-B 区间的 24 462 人，按定员 310、满载率 1.1 计算，所需的总车辆数为 72。

若行车间隔为 5 min，则高峰小时共可开行 12 对列车。设大小交路开行比例设为 1:1，则 F-H 区段的实际行车间隔为 10 min，能够开行 6 对列车，得出 F-H 区段所需的最小编组数为 5，然后反算得到 A-F 区段小交路列车所需的编组数为 7。

因此，开行计划为：列车停站方案采用站站停车；列车交路方案为全线开行大小交路大交路运行区段为 A-H，小交路运行区段为 A-F，大小交路开行比例为 1:1，行车间隔均为 10 min；列车编组方案为采用静态编组形式，大交路编组数为 5，小交路编组数为 7。

4.1.3.6 列车运行图

列车运行图是列车运行的时间与空间关系的图解，它规定了各次列车占用区间的次序列车在区间的运行时分，在车站的到达、出发或通过时刻，在车站的停站时间和在折返站的折返时间，以及列车交路和列车出入车辆段时刻等。列车运行图能直观地显示出列车在各区间运行及在各车站停车或通过的状态。列车运行图是列车运行组织的基础。

在运营企业内部，列车运行图不但规定了线路、车站、车辆等技术设备的运用，同时也规定了与列车运行有关各部门、各工种的工作要求。所有与列车运行有关的部门、工种均应根据列车运行图的要求，严格按照一定程序有条不紊地进行工作，因此，列车运行图是轨道交通运营组织的综合性计划。

1. 列车运行图图解原理

列车运行图有两种格式，一种是以横坐标表示时间，纵坐标表示距离；另一种是以横坐标表示距离，纵坐标表示时间。我国通常采用第一种图解方式（见图 4-8）。在列车运行图上有横线、竖线和斜线三种线条。

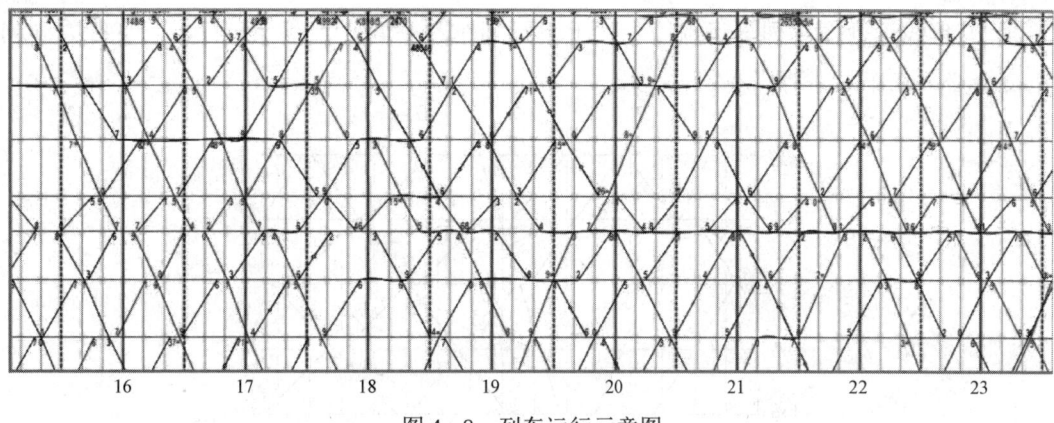

图 4-8 列车运行示意图

（1）横线将纵轴按一定比率加以划分，代表车站的中心线，通常中间站的车站中心线可以较细线条表示，换乘站、折返站和终点站则以较粗线条表示。车站中心线的确定，有按区间运行时分比率和按区间实际里程比率两种方法，实际工作中通常采用按区间运行时分比率来确定车站中心线。采用这种方法，列车运行线基本上是一条斜直线，并且容易发现列车区间运行时分的差错。

（2）竖线将横轴按照一定的时间单位进行等分，代表一昼夜的小时和分钟。根据竖线等分横轴的时间单位不同，列车运行图主要有以下四种格式。

① 一分格运行图、横轴以 1 min 为单位进行等分。是地铁、轻轨采用的列车运行图格式。

② 二分格运行图、横轴以 2 min 为单位进行等分。是市郊铁路编制新图时的列车运行图格式。

③ 十分格运行图，横轴以 10 min 为单位进行等分。是市郊铁路日常使用的列车运行图格式。

④ 小时格运行图，横轴以 1 h 为单位进行等分。是编制旅客列车方案图、机车周转图或客车周转图时采用的格式。

（3）斜线是列车运行的轨迹，代表列车运行线。列车运行线与车站中心线的交点就是列车在车站的到达、出发或通过时刻。

在列车运行图上，下行列车的运行线由左上方向右下方倾斜，车次数为单数；上行列车的运行线由左下方向右上方倾斜，车次数为双数。

对于不同种类的列车，采用不同的列车运行线线条符号、颜色和列车车次范围来加以区别，列车车次通常由列车识别符号和列车目的地符号组成。

2. 列车运行图分类

（1）按区间正线数目的不同分类。

① 单线运行图。列车运行图上，上下行列车都在同一正线上运行，上下行方向列车交会必须在车站进行（见图4-9）。

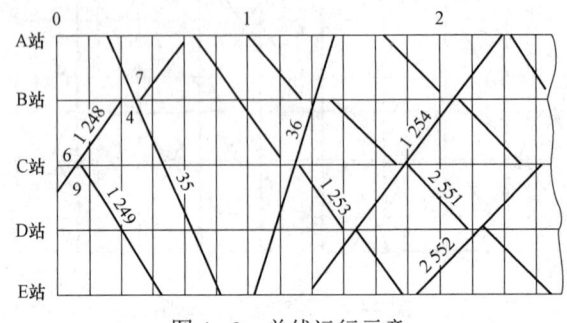

图4-9 单线运行示意

② 双线运行图。列车运行图上，上下行列车在各自的正线上运行，上下行方向列车交会可在区间或车站进行。

③ 单双线运行图。兼有单线和双线运行图的特点，列车在单线区间和双线区间分别按单线运行图和双线运行图运行。

（2）按列车运行速度的不同分类。

① 平行运行图。列车运行图上，同方向列车的运行速度相同。

② 非平行运行图。列车运行图上，同方向列车的运行速度不相同。

（3）按上下行方向列车数目的不同分类。

① 成对运行图。列车运行图上，上下行方向的列车数目相等。

② 不成对运行图。列车运行图上，上下行方向的列车数目不相等。

（4）按同方向列车运行方式的不同分类。

① 连发运行图。列车运行图上，同方向列车的运行以站间区间为间隔，采用连发运行图时，在连发的一组列车之间不铺画对向列车。

② 追踪运行图。列车运行图上，同方向列车的运行以闭塞分区或制动距离加上安全防护距离为间隔，即在一个区间内允许有一列以上同方向列车运行。采用追踪运行图的线路必须安装自动闭塞设备。

3. 列车运行图要素

列车运行图要素的实质是把列车运行过程按空间或时间上衔接的特征划分为若干单项作业。决定单项作业时间的主要因素有：活动设备和固定设备的技术条件、作业的质量要求、作业人员数量和作业环境条件。

轨道交通列车运行图的要素包括：列车区间运行时分、列车停站时间、列车在折返站停留时间、列车折返出发间隔时间、列车出入车辆段作业时间、追踪列车间隔时间和连发间隔时间。

（1）列车区间运行时分。列车区间运行时分是指列车在两个相邻车站间的运行时间标准，通过牵引计算和列车试运行相结合的方法计算确定。

由于上下行方向线路平纵断面条件，以及列车运行速度的不同，区间运行时分应按上下行方向和各种列车分别确定。

区间运行时分应根据列车在每一区间的两个车站上不停车通过和停车两种情况分别确定。列车不停车通过两个相邻车站所需的区间运行时分称为纯运行时分。因列车到站停车和列车起动出站而增大的区间运行时分与纯运行时分之差称为停车附加时分和起动附加时分。起停附加时分应根据车辆类型、列车编组辆数，以及进、出站线路的平纵断面条件等进行确定。

（2）列车停站时间。列车停站是为了供乘客上下车，列车停站时间取决于下列因素：

① 车站上下车人数；

② 平均上（下）一个乘客所需时间，取决于车辆的车门数、车门宽度、车厢内的座椅布置方式、站台高度和车站客运组织措施等；

③ 开关车门的时间；

④ 车门和屏蔽门的不同步时间；

⑤ 确认车门关闭和信号显示时间。

$$t_{站} = \frac{(p_{上} + p_{下})t_{上（下）}}{t_{高峰}md} + t_{开关} + t_{不同} + t_{确认} \qquad (4-4)$$

按上式计算的列车停站时间一般应适当加一余量并取整。在实际工作中，通常将全线各站的列车停站时间确定为 3 或 4 种时间标准。

（3）列车在折返站停留时间。列车在折返站停留时间是指列车在折返站办理各项作业时所需时间

在站后折返时，按作业顺序，列车应办理的作业如下：

① 在站线上，开车门、引导乘客下车作业；

② 列车进入折返线走行；

③ 在折返线上，列车换向作业；

④ 列车出折返线走行；

令在站线上，乘客上车、关车门作业；

站后折返过程示意图如图 4-10 所示。

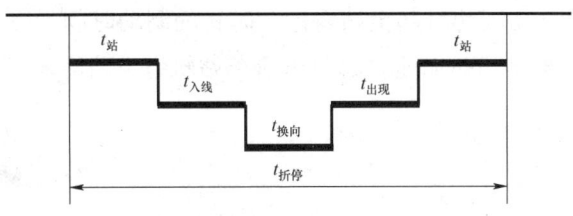

图 4-10　站后折返过程示意图

在站前折返时，列车在折返站应办理的作业有：

① 在站线上，乘客下车、上车以及开、关车门等作业；
② 在站线上，列车换向作业。

上述各单项作业时间可根据分析与查标相结合的方法计算确定。综合各个单项作业所需时间，即为列车在折返站的停留时间。

（4）列车折返出发间隔时间。列车折返出发间隔时间是指列车在折返站的最小出发间隔时间。主要取决于折返线的布置、采用的折返方式等因素。

（5）列车出入车辆段作业时间。列车出入车辆段作业时间是指：
① 列车在车辆段与正线防护信号机之间的运行时间；
② 列车在正线防护信号机与列车始发站间的运行时间；
③ 列车在进入区间正线前等待信号开放和确认信号的时间。

前两项时间可通过牵引计算和列车试运行相结合的方法计算确定，第三项时间可根据分析与查表相结合的方法计算确定。

（6）追踪列车间隔时间。在自动闭塞线路上，同方向运行的两列车以闭塞分区（轨道电路区段）或制动距离加上安全防护距离为间隔运行，称为追踪运行。追踪运行的两列车在运行过程中相互不受干扰的最小间隔时间称为追踪列车间隔时间。

影响追踪列车间隔时间的主要因素包括列车停站时间、列车运行控制方式、列车间隔距离、列车运行速度、接近车站线路的平纵断面、车站是否设置配线和行车组织方法等。

① 固定（自动）闭塞线路。轨道交通车站一般不设置配线，客运作业在车站正线上办理，由于追踪列车经过车站时的间隔时间远大于在区间运行时的间隔时间，追踪列车间隔时间应根据追踪运行的两列车先后经过车站的条件计算确定。

当前行列车出清了车站轨道电路区段，在确保行车安全的条件下，后行列车以规定的进站速度恰好位于某一分界点的前方，如图4-11所示。按追踪列车先后经过车站必须保持的最小列车间隔距离计算得到的间隔时间，即为追踪列车间隔时间。后行列车从初始位置至前行列车所处位置，需经历进站运行、制动停车、停站作业和起动出站四项作业过程，即追踪列车间隔时间由四个单项作业时间组成：

$$h = t_{运} + t_{制} + t_{站} + t_{加} \tag{4-5}$$

式中：$t_{运}$——列车从初始位置时起至开始制动时止的运行时间，s；
$t_{制}$——列车从开始制动时起至站内停车时止的制动时间，s；
$t_{站}$——列车从车站起动加速时起至出清车站轨道电路区段时止的运行时间，s。

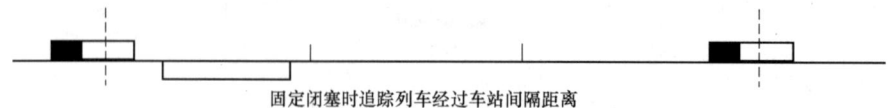

固定闭塞时追踪列车经过车站间隔距离

图4-11 固定闭塞追踪列车间隔时间计算示意图

② 移动（自动）闭塞线路。在前行列车出清车站轨道电路区段与安全防护距离时，后行列车以规定速度恰好运行至进站位置处。按图4-12中所示的列车间隔距离计算得到的间隔时间就是追踪列车间隔时间。

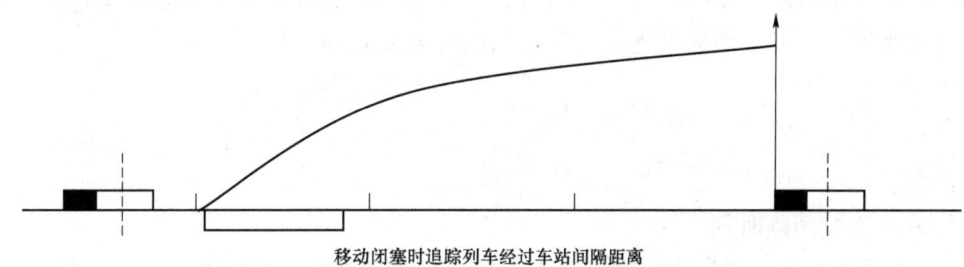

图4-12 移动闭塞追踪列车间隔时间计算示意图

后行列车从初始位置至前行列车所处位置，需经历制动停车、停站作业和起动出站三项作业过程，即追踪列车间隔时间由三个单项作业时间组成：

$$h = t_{制} + t_{站} + t_{加} \tag{4-6}$$

（7）连发间隔时间。从列车到达或通过前方车站时起至由车站向该区间发出另一同方向列车时止的最小间隔时间称为连发间隔时间。

连发间隔时间有两种类型、四种形式，如图4-13所示。两种类型是根据后行列车在后方站通过或停车进行划分的。四种形式分别为：

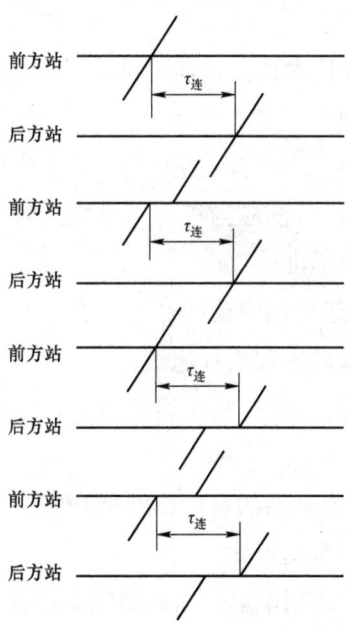

图4-13 连发间隔时间示意图

① 后行列车在后方站通过，前行列车在前方站通过；
② 后行列车在后方站通过，前行列车在前方站停车；

③ 后行列车在后方站停车，前行列车在前方站通过；
④ 后行列车在后方站停车，前行列车在前方站停车。

后行列车在后方站通过类型的连发间隔时间由两部分组成：第一部分为后方站为后行列车准备接车进路、办理闭塞和开放信号等作业时间；第二部分为后行列车通过后方车站进站距离的时间。后通型连发间隔时间的计算公式为

$$t_{连(后通)} = t_{作业} + t_{进} = t_{作业} + \frac{0.5l_{列} + l_{确} + l_{制} + l_{进}}{v_{进}} \quad (4-7)$$

式中：

$t_{连}$——连发间隔时间，s；

$t_{作业}$——后方站为通过列车准备接车进路、办理闭塞和开放信号等作业时间，s；

$l_{列}$——列车长度，m；

$l_{确}$——司机确认信号显示时间内列车运行距离，m；

$l_{进}$——进站位置至车站中心位置的距离，m；

$v_{进}$——列车平均进站速度，m/s。

后行列车在后方站停车类型的连发间隔时间是后方站为后行列车准备发车进路、办理闭塞和开发信号等作业时间。后停型连发间隔时间的计算公式为

$$t_{连(后停)} = t_{作业} \quad (4-8)$$

式中：$t_{作业}$——后方站为出发列车准备进路、办理闭塞和开放信号等作业时间，s。

4. 列车运行图的编制

在新线投入运营，既有线技术设备、客运量或行车组织方法发生较大变化时，均需要进行列车运行图的重新编制。

（1）编图要求。

① 确保行车安全。列车运行图应当符合《行规》等行车规章的有关规定，并严格遵守行车作业程序和各项时间标准。

② 合理运用设备。列车运行图应流线结合，充分利用线路通过能力。在满足客流需求的同时，注意提高车辆满载率和旅行速度。

③ 优化运输产品。列车运行图应根据客流特点，开行列车间隔、编组辆数、列车交路和旅行速度不同的列车。

④ 配合站段工作。为使换乘站的客运作业能均衡进行，列车运行图应安排列车交错到达换乘站，并预留调试列车运行线。

（2）编图步骤与编图资料。列车运行图的编制由运营管理部门负责组织，大体经历研究讨论、编制方案、铺画详图和计算指标四个阶段。

① 按编图要求与编图目标确定编图注意事项；
② 收集编图资料，对有关问题组织调查研究和试验；

③ 总结分析现行列车运行图的完成情况和存在问题，提出改进意见；

④ 编制列车运行方案；

⑤ 征求调度、车站、车辆部门对列车运行方案的意见，并进行必要的调整；

⑥ 根据列车运行方案铺画详细的列车运行图，编制列车时刻表；

⑦ 对列车运行图的编制质量进行全面的检查，并计算列车运行图指标；

⑧ 将编制完毕的列车运行图、列车时刻表与编制说明等报有关部门审核批准。

在编制列车运行图前应收集的编图资料包括：运营时间、分时最大断面客流量，全日行车计划、列车编组方案、列车交路方案与列车停站方案，运用车数，线路通过能力、列车折返能力、列车出入段能力、换乘站设备能力与车站存车线能力，列车区间运行时分、列车停站时间、列车在折返站停留时间、列车折返出发间隔时间、列车出入车辆段作业时间、追踪列车间隔时间与连发间隔时间，列检、列车上线调试与乘务员作息安排，与其他交通方式的衔接，以及对现行列车运行图完成情况的分析等。

（3）列车运行图铺画。列车运行图铺画分两步进行。第一步编制列车运行方案，着重解决列车运行图的全面布局问题；第二步铺画列车运行详图，即详细规定每一列车在各个车站上的到达、出发或通过时刻。在铺画列车运行图前，首先应确定车站中心线的位置。

① 确定车站中心线；

② 编制列车运行方案，应考虑的主要问题如下。

● 方便乘客出行。主要体现在合理排定始、末班车的发、到时刻；清晨与夜间的列车间隔不宜太长；合理规定列车的停车站及停站时间；各线路列车在换乘站到发时刻上合理衔接；轨道交通列车与其他交通工具在到发时刻上合理衔接等。列车运行与折返站作业协调：列车在折返作业时，有可能会产生进路干扰，应调整列车在折返站的到发间隔，尽可能安排平行作业，最大限度避免进路干扰、提高列车折返能力。

● 列车运行与换乘站作业协调。为避免车站设备运用紧张与客运作业秩序混乱，在编制列车运行方案时应安排各线列车交错到达换乘站。

● 列车运行与车辆段作业协调。为保证运用车技术状态良好，应均衡安排列检作业时间；考虑列检能力；考虑乘务员的作息时间安排等。

③ 铺画列车运行详图。在一分格列车运行图上精确铺画每条列车运行线，详细规定列车在每个车站的到达、出发和通过时刻以及在折返站的停留时间等。

列车铺画顺序按照列车等级依次为专用列车、客运列车、调试列车和空驶列车。自列车出车辆段起，从始发站铺画到折返站，经过折返作业停留后，由折返站出发向区间铺画。在铺画详图时，应注意确保行车安全和乘客安全，必须做到：

● 遵守列车区间运行时分和列车停站时间标准；

- 遵守列车在折返站停留时间和列车折返出发间隔时间标准;
- 遵守追踪列车间隔时间和连发间隔时间标准;
- 遵守乘务员的作息时间标准;
- 列车在车站折返时,停在折返站上的列车数应与该站的站线数相适应;
- 列车在车站越行时,停在越行站上的列车数应与该站的侧线数相适应。

除编制基本运行图外,为适应客流量波动和人工驾驶需要,还应编制分号运行图,包括双休日运行图、节假日运行图和人工驾驶运行图等。

④ 列车运行图指标计算:列车运行图编制完毕后,应对其质量进行检查,主要检查内容有:

- 开行列车数、折返列车数及列车折返站是否符合要求。
- 列车运行线的铺画是否符合规定的各项时间标准。
- 停在折返站上的列车数是否超过该站的站线数。
- 停在越行站上的列车数是否超过该站的侧线数。
- 换乘站的列车到发是否均衡。
- 乘务员的作息时间是否符合规定。

在确认列车运行图符合各项要求后,计算列车运行图指标。为了评价新编列车运行图的质量、应将新图的各项指标与现图的各项指标进行比较,分析各项指标提高或降低的原因。列车运行图主要指标有:

- 开行列车数:按列车种类和上下行分别计算。
- 折返列车数:按各个折返站分布计算。
- 行车间隔:包括高峰小时与非高峰小时时段。
- 首末班车列车始发站发车时刻。
- 客运列车技术速度 $= \dfrac{\sum 列车单程运行距离}{\sum(列车单程旅行时间 - \sum 列车停站时间)}$。
- 客运列车旅行速度(运送速度)$= \dfrac{\sum 列车单程运行距离}{\sum 列车单程旅行时间}$。
- 输送能力 $= \sum(客运列车数 \times 列车定员)$。
- 高峰小时运用车组数:按早、晚高峰小时分别计算。
- 列车周转时间 $= \dfrac{\sum 分时运用车组数 - \sum 回库时间}{全日开行列车对数}$。
- 车辆总走行公里(包括图定车辆空驶里程)$= \sum(客运列车数 \times 列车编组辆数 \times 列车运行距离)$。

- 车辆日均走行公里（日车公里）= $\dfrac{车辆总走行公里}{\sum 分时运用车数}$。

- 运能利用率 = $\dfrac{日客运量 \times 平均运距}{\sum (客运列车数 \times 列车定员列车运行距离)}$。

⑤ 实行新图前的准备工作：为保证新图能够正确和顺利地实行，必须在实行新图前做好下列准备工作：

- 发布实行新图的命令；
- 印刷并分发列车运行图和列车时刻表；
- 拟定执行新图的技术组织措施；
- 做好车辆和乘务员的调配工作；
- 组织有关人员学习新图，了解与熟悉新图的规定与要求。

任务 4.2　城市轨道交通运营服务与管理

城市轨道交通运营服务与管理

4.2.1　拟完成的任务

在一线大城市地铁换乘枢纽站通常有 2～3 条及以上线路衔接换乘，并同时衔接高铁/城铁站/长途客运站/公交站/停车场等，换乘客流量很大且换乘路径动线相互交织，如何让换乘客流便捷换乘是当前站务客运组织的关键点。请结合自己城市的某一地铁换乘枢纽站布局情况，进行换乘路径规划设计，以应对高峰客流换乘需求，让换乘更加便捷。

4.2.2　任务目的

（1）会根据地铁枢纽站布局进行换乘动线分析；
（2）掌握客流换乘需求并进行换乘路径合理设计；
（3）培养严谨的实地调研工作作风，增强职业社会责任感，践行为人民服务的初心。

4.2.3　相关配套知识

城市轨道交通列车运行调度

4.2.3.1　列车运行调度岗位及职责

城市轨道交通运营单位根据列车运行图要求，有效组织完成运输生产各项任务，主要涵盖列车运行调度、车站行车组织、车辆基地行车组织，列车驾驶等方面。因工作区域和性质不同，各项工作对岗位职责、日常工作流程及突发事件应急处理的要求也不相同，此外需分别制定正常情况、非正常情况和应急情况下的行车组织方案。

列车运行调度是城市轨道交通运营单位日常运输组织的指挥中枢，担负着组织行车、提高运营服务质量、确保运输安全、完成乘客运输计划，实现列车运行图的重要责任，对于城市轨道交通日常工作的开展起到决定性作用。列车运行调度的基本任务是负责日常行车调度指挥，科学合理地组织客流，经济合理地使用车辆及其他运输设备，与运输有关的部门密切配合、协同动作，确保列车按图运行，完成运输生产任务，为乘客提供安全，准点和优质的运营服务。城市轨道交通运营控制中心通常设置行车调度、电力调度、环控调度和维修调度等工种。从实际情况来看，各个城市调度机构的架构不尽相同，有些城市将行车调度和客运调度合并成为运营调度，将电力调度和环控调度合并成为设备调度。城市轨道交通运营单位可根据运营业务需要，合理设置运营控制中心岗位，明确岗位工作职责和技能要求，以及各岗位工作计划和流程。

1. 行车调度员

行车调度员是运输调度工作的核心工种，是列车运行的组织者和指挥者。行车调度员负责组织实施正线及辅助线的行车组织作业，确保列车按图运行，完成运输计划的各项任务。行车调度员的岗位职责包括以下几点。

（1）落实行车工作计划。发布调度指令，布置、检查和落实行车计划，组织指挥各部门、各工种严格按照列车运行图的规定和要求行车。

（2）监视列车运行情况。监控列车在车站到发及区间内的运行情况，及时准确处理临时发生的问题，防止列车运行事故发生。

（3）调整列车开行计划。根据客流变化，及时调整列车开行计划。当列车点、运行秩序出现紊乱时，可以通过自动或人工调度，尽快恢复按图运行。

（4）处理运营突发事件。发生运营突发事件时，按照规定立即向上级和有关部门报告，迅速采取救援措施，最大限度减少人员伤亡、降低事故损失、防止事故升级，及时恢复列车正常运行。

2. 电力调度员

电力调度员是供电系统运行、操作和事故处理的指挥者。电力调度员负责监督指挥供电系统的安全运行和操作，审批供电系统的检修作业，指挥处理供电设备的故障，充分发挥供电系统设备能力，满足各类设备的用电要求。电力调度员的岗位职责包括以下几点。

（1）负责所辖范围内的供电生产工作。根据供电协议的有关条文，制定供电系统的运行方式，并执行事故情况下的供电运行模式。

（2）对变电所值班员、接触网受令人和车站值班员进行统一的指挥。通过调度电话等方式，收集各系统运行状况信息和车站情况。

（3）监视供电设备的运营状况。监控调度管辖范围内设备的运行状况，发现故障及时通报维修调度员，由维修调度员通知相关维修部门进行处理。监视供电、防灾系统的报警信息，确保报警及时被确认，并采取相应措施。

（4）供电运行应急处置。负责在火灾、大客流、列车阻塞、系统停电等紧急情况下，对供电系统进行指挥及监控，配合抢修救灾工作。当中央级综合监控系统失控时，命令变电所值班员和车站值班员对供电设备进行控制。

（5）组织审批供电相关施工计划。根据施工行车通告的要求审核所管辖设备的检修计划并批准检修计划。根据施工行车通告和日补充计划、临时补修计划的要求，组织设备的检修和施工。

3. 环控调度员

环控调度员负责环控系统的调度和管理工作，并监督环境监控系统、火灾报警系统和气体灭火系统的运行，以确保乘客出行的安全、舒适。环控调度员的岗位职责包括以下几点。

（1）监控环控设施设备的运行状况。环控调度员通过环境监控系统、火灾报警系统中央工作站，监控车站通风、空调、隧道通风设备和装置、气体灭火系统等系统设备，监控扶梯、照明、给排水等设施运行状况，及时了解影响车站舒适度和消防安全的关键设备运行情况。

（2）负责环控设施设备的维护、维修和故障处理工作。负责指挥环境监控系统、火灾报警系统、气体灭火系统及环控机电设施的故障处理及维修施工。发现故障后，应及时通报设备维修调度员，由设备维修调度员通知相关维修部门进行维修。

（3）环控设备运营应急处置工作。负责监视全线环控系统的报警情况，确保报警及时被确认。在火灾、大客流、列车阻塞等紧急情况下，负责环控系统的指挥及监控工作，确保相关设备在紧急情况下能够正常运行，协助做好抢修救灾工作。

4. 维修调度员

维修调度员代表运营单位行使维修组织、抢险指挥的调度指挥权。维修调度员负责组织车站、正线及辅助线等设施设备的检查、维修，施工作业的组织实施等。维修调度员的岗位职责包括以下几点。

（1）发布维修调度命令。对接收的故障报告信息进行初步分析判断，报相关部门并向各部门发布设备维修调度命令，同时跟踪设备维修调度命令的执行情况，对故障处理过程中发生的各类事项进行必要的协调。

（2）校核维修计划。协调、配合计划实施，监督、跟踪作业命令执行和完成情况，对作业命令的执行进行必要的协调；对计划完成情况进行统计，将统计结果报物资设施管理部门。

（3）监督维修过程。对作业过程中各个关键环节进行了解、跟踪，协调各部门工作。向上级领导和有关部门发布应急信息并提供必要的维修、故障处理及抢险工作情况信息。

（4）协调故障处理。当故障设备、设施涉及多个专业时，维修调度员需要进行协调，并在必要时指派相关部门处理故障。

4.2.3.2 车站行车组织管理岗位及职责

城市轨道交通车站实行层级负责制,由上至下宜分为站长、值班站长、行车值班员、车站客运服务人员等层级。车站客运服务人员主要包括站务员、售票员、保洁员及安全员等。

1. 站长

站长代表运营单位在车站行使属地管理权,其岗位职责主要包括以下几点。

(1)根据车站的工作目标和工作要求,按照车站的工作计划组织和领导车站员工开展工作。

(2)全面负责车站的安全管理工作,定期组织开展车站安全宣传、安全教育和安全检查,并落实车站安全隐患的整改措施。

(3)全面负责车站的客运服务工作,并监督指导车站客运服务人员为乘客提供优质的服务。

2. 值班站长

值班站长服从站长领导,其岗位职责主要包括以下几点:

(1)组织本班员工开展工作,并及时按照程序要求向站长汇报工作情况。

(2)负责本班车站运营组织工作,并服从运营控制中心调度员的指挥,组织执行相关调度命令。

(3)负责本班安全工作,车站发生突发事件时,应根据应急预案和上级指令及时采取措施。

(4)负责本班客运服务工作,并监督指导车站客运服务人员为乘客提供优质的服务。

(5)负责巡视、检查车站设施设备状况,发现故障、异常情况及时处理和报告。

3. 行车值班员

行车值班员服从值班站长领导,其岗位职责主要包括以下几点:

(1)开展车站行车组织工作,服从运营控制中心调度员指挥,执行相关调度命令。

(2)负责操作、监控车站行车相关设施设备,掌握车站客流情况,发现故障异常情况及时按有关程序处理和报告。

(3)负责车站施工作业登记及施工安全管理。

(4)负责记录交接班事项和其他需要记录的事项。

4.2.3.3 列车驾驶员岗位及职责

列车驾驶是城市轨道交通运营活动的重要组成部分,其主要作业任务由列车司机承担。列车司机是城市轨道交通的关键岗位,主要负责正线、辅助线和车辆基地内列车的驾驶,同时应保证安全、正点完成驾驶作业任务。列车驾驶安全直接关系到城市轨道交

[23] 王建聪. 城市客运枢纽换乘关键问题研究[D]. 北京：北京交通大学，2006（11）：24-27.

[24] 陆化普. 交通规划理论与方法[M]. 北京：清华大学出版社，1998.

[25] 谢立宏. 城市轨道交通与快速公交换乘时间衔接分析[R]. 城市轨道交通研究，2010.

[26] 安健. BRT 线网优化设计关键技术研究[D]. 北京：北京交通大学，2008.

[27] 北京市交通委员会. 公交专用车道设置规范：DB11/T 1163—2022[S]. 北京市质量技术监督局，2022.

[28] 广西交通运输标准化技术委员会. 公交专用车道设置规范：DB45/T 2719—2023[S]. 广西壮族自治区市场监督管理局，2023.

[29] 丑洋. 轨道交通与常规公交站点协调换乘评价研究[D]. 西安：长安大学，2012.

[30] 卢立能. 基于数据挖掘的城市轨道交通换乘客流路径选择研究[D]. 杭州：浙江理工大学. 2012.

参考文献

[1] 莫露全. 城市公共交通运营管理［M］. 北京：机械工业出版社，2004.

[2] 孙立山，姚丽亚. 城市客运交通枢纽规划设计［M］. 北京：人民交通出版社股份有限公司，2012.

[3] 杨晓光. 公共交通通行能力与服务质量手册［M］. 北京：中国建筑工业出版社，2010.

[4] 武汉市交通科学研究所. 城市道路公共交通站、场、厂工程设计规范：CJJ/T15—2011［S］. 北京：中国建筑工业出版社，2011.

[5] 张国宝. 轨道交通运营组织［M］. 2版. 上海：上海科学技术出版社 2012.

[6] 综合交通运输标准化技术委员会. 综合客运枢纽术语：JT/T 1065—2016［S］. 北京：人民交通出版社股份有限公司，2016.

[7] 张洪满. 城市公共交通运营管理［M］. 北京：北京大学出版社，2014.

[8] 何静，叶华平，朱海燕. 城市轨道交通运营管理［M］. 北京：中国铁道出版社，2010.

[9] 宋瑞. 快速公交系统规划理论与方法［M］北京：科学出版社，2009.

[10] 武香林. 快速公交系统公交专用道规划设计研究［D］. 上海：同济大学，2006.

[11] 刘莉娜. 城市轨道交通客运组织［M］. 北京：人民交通出版社，2012.

[12] 贾俊芳. 城市轨道交通服务质量管理［M］. 北京：北京交通大学出版社 2012.

[13] 李慧玲，刘冰. 城市轨道交通安全管理［M］. 北京：北京交通大学出版社，2013.

[14] 张倩倩. 城市公共交通枢纽交通影响分析研究［D］. 北京：北京交通大学，2017.

[15] 国务院文件. 国务院关于城市优先发展公共交通的指导意见［Z］. 国发［2012］64号.

[16] 交通运输部科学研究院. 城市轨道交通运营管理实务［M］，北京：人民交通出版社股份有限公司，2020.

[17] 王志强. 城市轨道交通运营管理［M］北京：清华大学出版社 2018.

[18] 苗骥，朱学军. 网约车运营管理［M］. 北京：机械工业出版社，2021.

[19] 张一兵. 汽车租赁业务与管理［M］. 北京：机械工业出版社，2020.

[20] 交通运输部道路运输司. 城市公共交通管理概论［M］北京：人民交通出版社，2011.

[21] 中国可持续交通课题组. 城市可持续发展：要素挑战及对策［M］. 北京：人民交通出版社，2008.

[22] 马晓磊，丁川，于海洋. 刘建锋公共交通大数据挖掘与分析［M］. 北京：人民交通出版社股份有限公司，2017.

造成信息失真。

5. 实施客户满意度调研

客户满意度信息的调研，不仅仅是客户服务部的工作，还需要其他部门成员的共同协作。客户服务部负责将客户的资料输入有关客户管理的数据库，将接到的客户投诉意见进行预处理和登记，根据计划向客户派发客户满意度调研表，落实调研的有关具体工作。其他部门可以协助收集客户对公司产品、服务、信誉等方面的意见。当调研规模较大时，也可以抽调相关部门的人员加入。调研中注意有关人员对相关指标的理解要统一，便于与客户做到有效沟通。如果有专业化的社会组织介入，也需要做好沟通工作。

调查结果的收回应该讲究时效性，即注意调研整体进度的合理展开，不应过于匆忙或冗长。同时，回收率应该得到保证，并对客户进行必要的答谢。

上吃探究性问题用以探知被访问者对某事的看法，或做出某种行为的原因。一般在实施访谈之前应设计好一个详细的讨论提纲，讨论的问题要具有普遍性。

③ 焦点访谈是指为了更周全地设计问卷或为了配合深度访谈，可以采用焦点访谈的方式获取信息。焦点访谈是由一名经过企业训练的访谈员引导 8~12 名客户对某一主题或观念进行深入的讨论。焦点访谈通常避免采用直截了当的问题，而是以间接的提问激发与会者自发的讨论，可以激发与会者的灵感，让其在一个"感觉安全"的环境下畅所欲言，从中发现重要的信息。

4. 设计调查问卷

调研的具体开展，必须借助一定的媒介。调查表作为信息量充足、口径一致、便于统计分析的数据载体，在实践中有着广泛的运用。在设计时，需要注意以下问题。

题型设计如下。

① 选择式设计。选择式设计即给出问题的若干备选答案，由客户进行选择。一般分为二项选择式和多项选择式。二项选择式是指提出的问题仅有两种答案可供选择。多项选择式是根据问题列出多种可能的答案，由被调研者从中选择一项或多项答案。选择式提问的优点是易于理解，客户乐于选择，可迅速得到明确的答案，统计分析也比较容易。

② 填空式。填空式设计是指在问题后面加一短线，由被调查者将问题答案写在短线上。

③ 判断式设计。判断式设计即给出命题，由客户根据体验判断其正误。由于结果为"是""否"两种，客户的主观判断直接明了，在操作中简便易行。但对于客户满意度而言，极端结果（很满意、很不满意）一般情况下不容易出现，因此此类题目的设计需慎重考虑。

④ 矩阵式。矩阵式设计是将若干个问题及答案列成矩阵，以一个问题的形式表达出来这种形式可大大节省问卷的篇幅，将同类问题放在一起又特别有利于被调查者阅读和填答。

⑤ 顺位式设计。顺位式设计是列出若干项目，由被调查者按重要性决定回答的先后顺序。顺位式便于被调查者对其意见、动机、感觉等做衡量和比较性的表达，也便于对调查结果加以统计。但调查项目不宜过多，否则容易分散，很难顺位。

⑥ 开放式。开放式也称自由回答式。这种形式是调查者提出问题，但不提供问题的具体答案，由被调查者自由回答，没有任何限制。采用开放式的答题方式，可以让客户充分表达见解，带来丰富的结论。但此类题目一方面对于答案的辨析、统计比较难统一口径，同时部分客户有畏难心理，不愿多花时间表述，或用很简单的语言表达，易

续表

客户类型	调查项目	具体内容
乘客的满意度	出行安全性满意度	在线支付环境安全性
		驾驶员驾驶安全性，包括驾驶员开车过程中有无分心驾驶行为，驾驶员急制动、急加速等情况出现的频率
		驾驶员按照规定路线行驶
	投诉反馈满意度	客服接待投诉的态度，包括语速语调适中、话语规范性、语言运用等
乘客的满意度	投诉反馈满意度	客服处理投诉的效力，包括是否给予解答、给予补贴、给予处理
		客服是否进行投诉反馈或回访
	平台质量和使用方面	平台的功能满意度
		平台的稳定可靠性
		平台功能友好易用性
		平台界面的美观性
		平台的保密性

3. 满意度调查方法

（1）问卷调查。这是一种最常用的客户满意度数据收集方式，问卷中包含的很多问题需要被调查者根据预设的表格选择该问题的相应答案，客户从自身利益出发来评估企业的服务质量、客户服务工作和客户满意水平。同时也允许被调查者以开放的方式回答问题，从而能够更详细地掌握他们的想法。

（2）二手资料收集。二手资料大都通过公开发行刊物、网络、调查公司获得，在资料的详细程度和资料的有用程度方面可能存在缺陷，但可作为深度调查前的一种重要的参考特别是进行问卷设计的时候，二手资料能提供行业的大致轮廓，有助于设计人员对拟定调查问题的把握。

（3）访谈研究。访谈研究包括内部访谈、深度访谈和焦点访谈。

① 内部访谈是指对二手资料的确认和对二手资料的重要补充。通过内部访谈，可以了解企业经营者对所要进行的项目的大致想法，同时内部访谈也是发现企业问题的最佳途径。深度访谈是为了弥补问卷调查存在的不足，在必要时对典型用户进行的深度访谈。

② 深度访谈是指针对某一论点进行的一对一的交谈，在交谈过程中提出一系列

表 6-1 客户满意度调查内容

客户类型	调查项目	具体内容
承租人的满意度	车辆使用的满意度	车辆使用中的安全、可靠、经济与环保、车辆性能、车辆车况使用安全性、节约能源等
		车辆的设计,包括外观造型、质感、重量
		车辆的空间感,包括舒适性、容纳性等
		车辆的使用寿命
	服务的满意度	服务的绩效,指服务的核心功能及其所达到的程度
		服务的保证是指核心服务提供中的准确性和回应性。
		服务的完整性,指提供服务的多样性、周到性情况
		服务的方便是指服务的简易性和使用的灵活性。
	人员互动的满意度	员工礼仪,与客户接触时外表的整洁,接待的友善,考虑客户的立场
	人员互动的满意度	人员沟通,用客户能理解的语言,耐心倾听,确认客户需解决的问题,邀请客户参与
		重复访问,如提供个性化的关心,准确识别老客户,满足客户特殊需求
	平台质量和使用方面	平台的功能满意度
		平台稳定可靠性
		平台功能友好易用性
		平台的界面美观性
乘客的满意度	驾驶员服务质量满意度	驾驶员技能,包括驾驶员的驾驶技能、对道路的熟悉度,不绕远路
		驾驶员形象,包括驾驶员礼仪文明,穿着得体
		驾驶员素养,包括预订网约车后,驾驶员爽约情况、取消订单,驾驶员有帮助乘客的意识,如帮助提行李等
		乘车环境,包括车内有无异味、所约车型一致性
		驾驶员服务,包括准时到达指定地点,安全送达目的地等
	价格满意度	支付方式便利性
		出行价格合理透明性
		优惠程度

等方面。通过解决客户抱怨，不仅可以总结服务过程，提升服务能力，还可以了解并解决企业业务存在的问题。

6.2.3.3 客户满意度调查

网约车租赁公司可通过开展客户满意度调查以发现销售、服务流程中的问题和不足，将工作落实到不同部门，分头解决，改善服务水平，优化销售和服务流程，从而提升客户的满意度。

1. 明确客户满意度调查对象

客户是产品、服务接受者的统称，包括现实客户、使用者和购买者、中间商客户、内部客户等。在实践中应根据客户满意度调查的不同目的，针对不同的类别，确定测评客户的对象范围。

（1）现实客户。已经实际体验过本企业产品或服务的客户，即为现实客户。这类客户通常是客户满意度调查的主要对象。在实际操作中，很多企业并不是因为没有吸引到足够多的客户导致失败，而是由于未能提供客户满意的商品或服务，从而引起客户流失。因此调查并提高现实客户的满意度是至关重要的。它投入少，同时以特定客户为对象，目标固定，效果明显。对现实客户的调查是最常用的一种满意度调查方法。在客户对象明确的情况下，尤其是对于已经建立客户档案，留有客户相关信息的企业，采用这种方法可迅速得到反馈信息。利用打印好的问题和答案选项的问卷进行调查，调查的效率较高。

（2）内部客户。客户满意度的调查不仅包括对传统客户的调查，还包括对企业内部客户的调查。作为对外提供商品和服务的整体，企业内部各部门之间的相互协作程度、认可程度、满意程度直接影响到企业的运作。因此企业内部客户的满意度是客户满意调查中不可忽视的一个方面，只有各部门都能够为其他部门提供满意的产品或服务，企业才能最终提供给客户满意的商品或服务。

2. 确定满意度调查的内容

网约车租赁企业的客户通常包括乘客、驾驶员两种身份。两者因业务不同，享受企业带来的服务也不同，所以必须识别客户和客户的需求结构，明确开展客户满意度调查的内容。不同的企业、不同的产品拥有不同的客户。不同群体的客户，其需求结构的侧重点是不同的。一般来说，调查的内容主要包括以下几方面：车辆内在质量，包括产品技术性能、可靠性、可维护性、安全性等；系统平台功能需求，包括使用功能、辅助功能；企业服务需求，包括租前和租后服务需求；车辆外延需求，包括公司管理条款、维保站点体系、驾驶员培训支持等；客户满意度调查的内容。如表 6-1 所示。

户的真正需求和想法。通过提问，可以理清自己的思路，同时也可以让愤怒的客户逐渐变得理智起来。

3. 回访要点

（1）细分工作。在客户回访前，要对客户进行细分。客户细分的方法很多，企业可以根据自己的具体情况进行划分。客户细分完成后，可针对不同类别的客户制订不同的服务策略。对客户进行细分也可按照客户的来源分类，如客户的来源是自主开发、广告宣传、老客户推荐等。客户回访前，一定要对客户做出详细的分类，并针对分类拿出不同的服务方法，以提高客户服务的效率。总而言之，回访是为了更好地服务客户。

（2）明确客户需求。确定了客户的类别以后，明确客户的需求才能更好地服务客户。最好在客户需要找客服前，进行客户回访，这样才能体现客户关怀，让客户感动。很多企业都有定期回访制度，这不仅可以了解企业服务流程中的问题，而且可以收集企业服务过程中的问题。回访的意义不仅体现企业的服务，维护好老客户，还要了解客户的所想所需，是要售后服务再多一些，还是觉得产品应该再改进一些。实际上企业需要客户的配合来提高服务能力，这样才会发展得越来越好。一般客户在遇到问题时、客户所租车辆有故障或需要维修时、客户想再次租车时是客户回访的最佳时机。如果能够掌握这些信息，并及时联系到需要帮助的客户，提供相应的支持，那么这将大大提升客户的满意度。

（3）确定回访方式。客户回访有多种形式，包括电话回访、电子邮件回访和当面回访等。从实际的操作效果看，电话回访结合当面回访是最有效的方式。

（4）抓住回访机会。客户回访过程中要了解客户在租车服务过程中不满意的地方，找出问题；了解客户对本公司的系列建议；有效处理回访资料，从中改进工作、改进产品、改进服务；准备好对已回访客户的二次回访。客户回访不仅能解决问题，还能改进公司形象、加深与客户的关系。

（5）促进成交。最好的客户回访是通过提供超出客户期望的服务，提高客户对企业或产品的美誉度和忠诚度，从而创造新的销售可能。客户关怀是持之以恒的，销售也是持之以恒的，通过客户回访等售后服务来增值产品和企业信誉度，借助老客户的口碑来提升销售量，这是客户开发成本最低也是最有效的方式之一。开发一个新客户的成本大约是维护老客户成本的6倍，可见维护老客户的重要性。

（6）正确对待客户抱怨。客户回访过程中遇到客户抱怨是正常的，正确对待客户抱怨，不仅要了解客户抱怨的原因，更要平息客户的抱怨，把被动转化为主动。企业可在客服部门设立意见搜集中心或进行详细反馈记录，收集更多的客户抱怨，并对抱怨进行分类，例如抱怨来自对服务质量的不满意（所租车辆有问题、平台流程机制不好）、来自对服务人员的不满意（不及时、服务态度差、服务能力不够等）

6.2.3.2 客户满意度回访

回访是客户服务的重要内容,也是提高客户满意度的重要方式之一。客户提供的信息是企业进行回访或满意度调查时的重要依据。一般来说,客户对于具有品牌知名度或认可其诚信度的企业的回访往往会比较放心,愿意沟通和提出一些具体的意见。

1. 回访方式

按照回访的手段不同,回访的方式有以下几种。

(1)电话回访亲切直接,诚意可以充分表达,效果最好。

(2)短信回访。由于短信字数有限,客户基本不回复。通过短信,只能略微让客户知道你还想着他而已。

(3)邮件回访。邮件可表达的内容和形式较为丰富,但客户收到的时间和及时性没有保障。

(4)点评系统回访。点评系统简单直接,效果比较好,但是缺乏针对性的客户反馈。

按租赁周期,回访的方式主要有以下几种。

(1)定期回访。这样可以让客户感受到企业的诚信与责任。定期回访的时间要有合理性,如以成交一周、一个月、三个月、六个月……为时间段进行定期的电话回访。

(2)租后服务回访。这样可以让客户感觉到企业的专业性。特别是在回访时发现了问题一定要及时给予解决。最好在当天或第二天到现场进行问题处理,以便将客户的抱怨控制在最小的范围内。

(3)节日回访。在平时的一些节日回访客户,同时送上一些祝福的话语,以此加深与客户的联系。这样不仅可以起到亲和的作用,还可以让客户感觉到一些优越感。

2. 回访技巧

(1)面带微笑服务。每天重复做同样的工作会产生心理疲劳,缺乏兴奋点是在所难免的。精神上不亢奋,在工作上就会懒散,表情上就会显得淡漠。因此,每个员工都应该明白,只有调整好心态,才能面带微笑地对待每一天的工作。

(2)规范服务话术。话术规范服务是客服人员在为回访对象提供服务过程中应达到的要求和质量的标准,话术规范服务可以体现一个公司的服务品质。因此,公司可专门拟定一系列规范话术,以提高服务质量,减少客户投诉。

(3)因人而异、对症下药。寡断型客户多优柔寡断,常常被人左右拿不定主意。特别是新单回访中常常会遇到此类客户,客户租车后,害怕出问题租赁企业不负责,怕车辆有安全问题,对汽车租赁业务充分怀疑等,应付这类客户须花很多时间,客服必须用坚定和自信的语气消除客户忧虑,耐心地解答客户疑问,促进成交。在客户回访中,有效地利用提问技巧也是必要的。通过提问,可以更快地找到客户想要的答案,并了解客预约出租汽车驾驶员从业资格证",申请人到报名的政务服务中心运管窗口领取。

3. 网约车驾驶员的职业道德

网约车驾驶员从事的是一种服务性工作,职业道德是驾驶员在特定职业活动中应遵守的行为规范和准则的总和,是社会责任感的具体体现。网约车驾驶员应该具备职业责任感和职业荣誉感,树立为人民服务、遵纪守法的观念。网约车驾驶员的职业责任感就是既要圆满完成运营任务,又要确保行车安全,对自己、对乘客、对社会负责任;增强职业荣誉感就是要认识到驾驶员是社会分工不可缺少的组成部分,是社会公认的光荣职业,要珍惜这份荣誉,热爱本职工作,维护职业尊严,抵御社会上见利忘义的不良思想诱惑,保持人格的高尚性。网约车驾驶员的职业道德主要体现在六个方面:遵章守法、依法经营、诚实守信、公平竞争、优质服务和规范操作。

4. 网约车驾驶员从业要求

(1)取得相应准驾车型机动车驾驶证并具有 3 年以上的驾驶经验。

(2)无交通肇事犯罪、危险驾驶犯罪记录,无吸毒记录,无饮酒后驾驶记录,且最近连续 3 个记分周期内没有记满 12 分的记录。

(3)无暴力犯罪记录。

(4)城市人民政府规定的其他条件。

(5)持有"网络预约出租汽车驾驶员证"。

5. 驾驶员岗前培训

新加入网约车驾驶员的岗前培训是为了让驾驶员了解相关运营服务规范及公司相关规定,严格遵守职业道德及安全行车操作规程,树立安全意识。专职网约车驾驶员的岗前培训由网约车运营平台直接管理,通过手机客户端直接推送学习内容,学习通过后即可上岗。岗前培训通常包括理论知识培训和考核。

(1)理论知识培训。培训内容一般包括公司的质量方针、质量目标;网约车驾驶员守则和岗位责任制;有关的服务规范、服务提供规范、质量控制规范等。

(2)培训考核。驾驶员上岗前需通过系统培训,为验证学习完成度,需进行岗前培训考核,考核通过后方可上岗。

6. 驾驶员日常培训

专职网约车驾驶员日常教育由网约车运营平台定期根据日常教育流程进行 APP 学习内容推送,学习后可继续接单。学习内容包括以下几个方面。

(1)安全驾驶技巧培训。

(2)不同道路情况,提供不同的驾驶技巧培训。

(3)不同天气下的驾驶技巧培训。

(4)安全生产管理法规的宣贯培训。

网约车客户关系管理

6.2.3 相关配套知识

6.2.3.1 网约车驾驶员管理

网约车驾驶员管理

根据各地网络预约出租汽车管理实施细则，网约车平台公司应建立驾驶员管理制度，负责驾驶员培训、教育、工作考评及奖惩工作；定期组织例会，实施交通安全、服务质量和职业道德的教育和规范。

1. 驾驶员档案管理

网约车驾驶员管理档案包括服务质量信誉考核结果、道路交通事故责任情况、违法行为记录、继续教育记录等内容。

（1）驾驶员信息登记表。

（2）驾驶人身份证、驾驶证等相关证件的复印件。

（3）驾驶员安全驾驶信息记录：公安交通管理部门出具的驾驶证信息查询记录，安全驾驶经历证明，交通违法情况记录及处理资料，交通事故情况记录及处理资料。安全行驶里程统计。

（4）教育培训、诚信考核信息记录。这些记录包括驾驶员日常安全教育记录，继续教育和培训考核记录，违反道路运输相关法规的情况记录，服务质量事件、投诉信息情况记录以及诚信考核结果记录等内容。

（5）驾驶员辞退记录。

2. 网约车驾驶证申请流程

（1）考试报名。申请人在市、县、区政务服务中心填写"出租汽车驾驶员从业资格申请表"，并提交本人身份证复印件、驾驶证复印件、户口簿或居住证复印件、2张2寸白底彩色免冠近期照片。

（2）报名审核。经过市运管部门、市公安部门的审核，符合条件的申请人同意参加考试；而不符合条件的申请人则需要反馈审核意见，并退回申请。

（3）考试预约。经过审核通过的申请人可以前往报名点或通过电话方式进行预约考试。通过在报名点预约的，可以在现场打印准考证；通过电话预约的，可以在考试当天到考试点领取准考证。

（4）参加考试。参考人员凭准考证前往考试点，参加统一的网上计算机考试。考试结束后，自动批改成绩，并当场认定考试结果。如果相应考试科目不合格，可以补考一次；如果补考仍不合格，则需要重新申请考试。

（5）审核签发。全国公共科目和地方科目考试均合格的，由市运管机构核发"网络销的费用预算等因素。降价、价格折扣、赠品、抽奖、礼券、服务展示、消费信用等都是常用的活动工具及活动主题。

（2）包装活动主题。在确定了主题后要尽可能使活动主题艺术化，淡化促销的商业目的，使活动更接近和打动消费者。这一部分是促销活动方案的核心，应力求创新，使活动具有震撼力和排他性。

2. 活动时间和地点

活动的时间和地点选择得当会事半功倍。发起活动的时机和地点很重要，对活动持续多长时间效果会最好也要深入分析。持续时间过短，会导致活动目标在这一时间内无法实现，很多应获得的利益无法实现；持续时间过长，又会引起费用过高且市场形不成热度，降低在客户心目中的身价。

3. 活动对象

活动对象即为活动针对的群体，它可能是每个人或某一特定群体，这需要控制活动范围，明确哪些人是活动的主要目标，哪些人是活动的次要目标，正确选定活动对象会直接影响活动的最终效果。

4. 活动方式

（1）确定参与活动的方式方法，操作方法应尽量简洁流畅，具有一定的趣味性和挑战性，清晰传达活动的目标，并能吸引大量新旧客户参与。

（2）活动的规则要简单易懂，表达方式要形象简洁，核心规则要放在显著位置。

（3）突出用户收益，不管是物质收益还是精神收益，要第一时间让客户看到并被吸引。

任务 6.2　网约车驾驶员及客户服务管理

网约车驾驶员及客户服务管理

6.2.1　拟完成的任务

某网约车运营管理平台针对客户展开满意度调查，请你设计一个用户服务满意度调查表，实施在线调查，并对调查结果进行分析。

6.2.2　任务目的

（1）会根据任务进行满意度调查问卷设计；
（2）掌握不同调查方法并整理分析调查数据；
（3）能够提出客户服务改进意见及优化方案；
（4）培养"安全、舒适、真诚、热情"的工作态度，树立"珍爱生命、安全第一"的从业理念。

对方的优惠政策，从而达到互利双赢的目的。

（2）对酒店住宿时间超过 3 天的，可以提供一些本地的旅游、投资、出行指导及租车便利等服务。

（3）酒店注册高级会员可享受无抵押折扣租车服务，可在合作酒店等消费一定金额的顾客，可免费享受酒后代驾和上门接送服务，服务次数根据消费金额的增长而增加。

（4）在合作酒店大堂设立专门的宣传展位，在酒店房间、酒店餐桌摆放印有温馨提示、安全提醒、日历等内容的彩页，并附加汽车租赁优惠、店庆、抽奖活动等相关信息。

（5）与银行合作。网约车租赁公司可以与银行合作，引进银联系统，使公司能够通过与银行的联网确定客户的银行信用情况，为有银行信用卡的客户提供无抵押租车服务，折扣租车服务，加油、洗车折扣等服务。同时可为首次信用卡开卡用户提供租车折扣等优惠。不定期地与银行联合推出公司各种优惠活动。将优惠政策体现在信用卡宣传册、信用卡电子账户、银行内宣传彩页中。

（6）与航空公司合作。网约车租赁公司与航空公司双方雄厚的实力保证了各自的利益需求都将被尽可能地满足。航空公司需要一个遍布全球的租车网络，为飞往世界各地的旅客们提供服务。而网约车租赁公司则看重每周近百万的潜在客户量。

（7）与旅行社合作。现在，许多人都喜欢自驾游，可以说旅行社有着大量的客源。因此网约车租赁公司应该积极开拓旅行社的潜在客户。

（8）与其他行业企业合作。网约车租赁公司也可以与其他行业企业合作，如餐饮企业，因为餐厅的客人在用餐后也可能需要租赁汽车。这些便利的条件相当于银行、酒店等企业推出的一种增值服务，客户无需为此付出任何的代价，只需在宣传单页上加上一条内容即可。

（9）拓展大学校园市场。目前，许多高校学生，希望在节假日和同学、朋友等出门旅游。网约车租赁服务行业的发展，为大学生旅游提供了新的契机，同时为租车市场带来了新的发展渠道。学生只需出示本人身份证、学生证、驾驶证就可以租到价格相对低廉的汽车。

（10）会员优惠活动。根据二八定律，20%的客户创造 80%的利润，网约车租赁企业可以根据累计消费情况区分会员价值，对高价值的会员提供更有吸引力的优惠待遇，吸引特定客户群体更多地消费，并保持忠诚度。制订会员对应的优惠条件，通常包括价格优惠和优先办理手续等礼遇服务。此外，网约车租赁企业也可为会员提供临时性奖励，举办会员日活动，让会员体验专享产品、专享价格、专享服务，免费品尝咖啡和奶茶，免费试用无线宽带上网等。

6.1.3.7 网约车平台运营活动策划

1. 活动主题

（1）确定活动主题。确定活动主题需要考虑到活动的目标、竞争条件、环境以及促

3. 网络媒体

（1）网站。客户在网络中做出预订决策时，一般都是通过网约车租赁公司的网页来了解网约车租赁公司的基本信息。因此做好网页设计是网约车租赁公司产品策略的关键。网站内容应包括公司简介、最新资讯、车型展示、企业服务、租车价格、租车手续、特惠服务、会员管理、网上预订、客户留言和联系我们等。

（2）搜索引擎。搜索引擎是对互联网上的信息资源进行搜索整理，然后供人们查询的系统，它包括信息搜集、信息整理和用户查询三部分。其广告包括赞助商广告、付费排名广告和内容关联广告，根据付费的多少决定排名的先后。

（3）博客、微博。博客、微博推广是指在网站设立的博客、微博上，进行用户注册，然后发表宣传型与广告型文章，介绍网约车租赁公司情况、产品与服务情况，以引起上网的读者注意，与潜在客户进行网络沟通的一种新的推广方式。

（4）论坛。论坛推广是企业利用各种论坛平台，通过文字、图片、视频等方式发布企业的产品和服务信息，让目标客户更加深刻地了解企业的产品和服务，从而达到宣传企业的品牌、加深市场认知度的推广目的。

（5）病毒式营销。病毒式营销推广是一种常用的网络推广方法，常用于进行网站推广、品牌推广等，病毒式营销推广利用的是用户口碑传播的原理。在互联网上，这种"口碑传播"更为方便，几乎不需要费用，可以像病毒一样迅速蔓延，因此成为一种高效的信息传播方式。病毒式营销推广的常见方法包括免费服务、便民服务、节日祝福、精美网页或笑话等。

（6）电子邮件。电子邮件在为生活带来便捷的同时，也为网约车租赁公司带来新的推广机会。作为一种新媒体，电子邮件将成为最锐利的推广工具，电子邮件推广已被越来越多的网约车租赁公司重视。

（7）团购。团购就是团体购物，指的是把认识或不认识的消费者联系起来，提高与商家的谈判能力，以求得最优价格的一种购物方式。根据薄利多销、量大价优的原理，商家可以给出低于零售价格的团购折扣和单独购买得不到的优质服务。现在团购的主要方式是网络团购。网约车租赁公司团购作为一种收益管理的工具，只是在淡季提升出租率的一种手段，对网约车租赁公司的推广模式和价格体系并不会有太大的影响，团购一般只能选择在网约车租赁公司生意淡季进行，旺季无法提供那么多的低价租车。

4. 异业联盟

异业联盟打破了传统的营销思维模式，通过寻求非业内的合作伙伴发挥不同类别品牌的协同效应，在避免单独作战的同时达成"1+1>2"的效果。

（1）与酒店合作。网约车租赁公司可以与酒店建立长期战略合作，通过独家推荐和重点宣传（可利用店内海报、宣传彩页、X展架等）的方式为客户同时解决出行交通与食宿问题。酒店都是有会员的单位，所以网约车租赁公司可与其建立凭卡优惠，或是凭卡享受优先等合作方式，这种合作方式是双向的，只要凭借合作单位的会员卡即可享受务费等可选服务费的300%），租赁公司保留可强行收回车辆的权利。

6. 违章预授权

交通违法行为除了现场处罚，一般车辆违法信息的发布会滞后于违法实际发生时间。对于短期租赁业务，只有承租人归还车辆完成租赁交易并经过一段时间后，汽车租赁经营者才可能查询到租赁汽车是否有交通违法记录。如果未与承租人进行约定，承租人的交通违法行为可能会给汽车租赁经营者带来经济损失。租赁车辆交通违法处理的一般操作方法为：在承租人还车后，出租方根据合同约定时间进行交通违章记录查询，如果没有交通违法信息，则退还承租人保证金或解除冻结信用额度；如果发现有交通违法信息，汽车租赁业务员应告知承租人，并在预授权或保证金中扣除与罚款等额的款项。

6.1.3.6 网约车平台运营活动

网约车平台运营管理活动主要是制定合理的营销目标以及营销战略和策略，使营销活动紧紧围绕营销目标展开，从而获得理想的营销效果和良好的营销效益。网约车运营平台营销活动策划能够对营销费用的支出进行科学的安排，避免盲目活动给企业带来浪费，提高营销行动的投资效益。网约车运营平台活动的最终目的是收集潜在客户，将潜在客户转变为平台保有客户，扩大平台活动的受众面，提升平台活跃用户数量。

1. 传统广告

（1）电视广告。传播速度快，覆盖面广，形式丰富多彩，可声像、文字、色彩、动感并用，感染力强；但成本昂贵，制作费工费时，受时间、播放频道等因素的限制，信息只能被动地单向沟通。19:00—20:30被认为是广告的最佳时间，但费用也相对更高。

（2）电台广告。电台广告是一种线性传播，运用口语或生动具体的广告语表述。电台广告成本低效率高、受众面广。一般可以通过热线点播、嘉宾对话、点歌台等形式来刺激听众参与，从而增强广告效果。但传播手段受技术的限制，不具备资料性、可视性，表现手法单一。

（3）报纸广告。以文字和图画为主要载体来向客户传递企业和产品信息，可反复阅读，并便于保存、剪贴和编辑。能给客户较充分的时间来接受信息，更容易给读者留下深刻的印象，且信息表达较为精确，成本较低；但传播速度慢，传播范围小，且受到受众的文化程度限制。网约车租赁公司可以在报纸上购买版面来宣传自己，并在广告上注明预订电话、网站、App和公司地址等信息。

2. 户外广告

一般把设置在户外的广告称为户外广告。常见的户外广告有路边广告牌、高立柱广告牌（俗称高炮）、灯箱和霓虹灯广告牌、LED看板等，现在甚至有升空气球、飞艇等先进的户外广告形式。近年来公交车身广告、地铁广告、电梯广告、路牌广告等也发展迅速。

鉴定，以确定双方的损坏责任。若是由于承租人过错造成损坏的，根据有关规定和承租人协商确认后，提出赔偿方案，双方若无异议，承租人缴纳赔偿金和租金结算，完成还车业务。

（3）当随车证件物品缺失时，如果客户遗失证照或违法违规用车导致车辆被扣，停运损失费将按租期内车辆租赁及服务费均价乘停运天数收取；如果车内随车设备和物品不在保险公司赔付范围内，不慎遗失或损坏，则参照相关标准或当地4S店价格进行赔偿。

3. 费用结算

费用结算是指承租人在租赁期结束后，与汽车租赁门店交接车辆并按照实际消费项目进行结算，主要包括费用项目和还车结算两个方面。

（1）费用项目。费用项目包括车辆租赁及服务费、基础服务费、车辆整备费、超时服务费、超里程服务费、可选服务费、其他费用等。

（2）还车结算。还车时承租人可以选择不同的结算方式，例如信用卡、借记卡、储值卡等。还车结算主要分为两个环节：① 租赁门店在信用卡预授权中扣除租车消费，剩余的预授权额度将在 3 天左右解冻；② 在首次押金中扣除租车消费，扣除租金后如有押金剩余，余额部分在15~20个工作日退还到刷卡账户。

4. 提前还车处理

（1）正常提前还车订单已使用取还车服务，承租人应在距离实际还车时间前 4 h 通知租赁公司，租赁公司可安排还车服务。如果承租人通知租赁公司的时间距离实际还车时间小于 4 h，租赁公司成功安排还车服务后，承租人需要承担因还车服务产生的相应还车服务费。

（2）违约提前还车承租人可以通过手机 APP 或官方网站发起修改订单的请求或提前联系租赁公司确认还车时间及地点。在订单中承租人未使用的天数租金将被视为提前还车违约金。未使用天数的基础保障费及补充保障服务费、轮胎轮毂保障服务费、驾乘无忧保障服务费不退还，保障期限不变。

5. 延期还车处理

延期还车处理是指承租人在租赁期到期后，因个人原因向租赁公司提出的延期还车申请。

（1）申请延期还车。承租人应在约定时间内归还车辆。如果延期 4 h 以内还车，则延期用车时间将被计入总租期，租车费用将按照总租期计算。如果需要延期 4 h 以上还车，则需要提前联系租赁公司申请续租。续租后单次总租期（已租+续租）最长不超过 3 个月；如在取车时刷取预授权，在续租后总租期超过 15 天（含）时，租车预授权将转为同等金额的租车押金；续租方式将根据续租次数和续租部分天数来定。

（2）违约延期还车。超过 4 h 未还车且未按规定办理续租手续，或未经同意强行不还车，承租人将支付正常租金及超期违约金（标准为超期部分车辆租赁及服务费/超时服确定中标者为该企业的汽车租赁服务供应商。

3. 签订合同

承租双方就合同具体条款进行协商和谈判，内容主要涉及服务项目、租金价格、服务期限、服务标准等内容，并对双方的权利和义务进行确认。与短期汽车租赁业务不同，长期汽车租赁业务的合同内容是灵活的，可针对不同企业的特点进行修改，按照承租方的需求制订专门的车辆解决方案，每个客户的合同内容之间存在较大差异。在合同细节达成一致后，双方授权代表在合同上签字并加盖双方公章，合同即可生效。

6.2.3.5 租赁业务还车流程

网约车租赁还车流程是指租赁期满后，承租人将车辆送至汽车租赁门店或指定地点后，应办理的相关业务。

1. 还车检验

还车检验是指租约到期后，承租人将车辆送至汽车租赁门店或事先约定的地点，并持租车合同、证件以及相关单据供出租方查验的过程。根据合同和验车单，汽车租赁门店服务人员和承租人共同对归还的车辆进行检查。

（1）还车接待。承租人到店后，汽车租赁门店服务人员应热情接待客户，并询问客户需要办理的业务。在接待客户的过程中，汽车租赁门店服务人员应该树立良好的职业形象，为客户创造满意的到店服务体验。承租人到店后，应告知汽车租赁门店服务人员所需办理的业务，并携带相关证件资料以便查验。

（2）证件查验。汽车租赁门店服务人员在证件查验环节应要求承租人出示租赁合同和车辆检验交接单、身份证、驾驶证等有效证件。首先，根据承租人提供的身份证、驾驶证，在租赁平台管理系统中查询租赁信息，核对承租人的身份信息，确保承租人在租赁期间不存在因严重违法行为导致扣押证件的情况；其次，检查租赁合同是否与承租人一致、合同是否存在涂改现象、承租日期是否与实际租用日期一致等；最后，明确车辆检验交接单中发车前所描述的车辆信息，如发车公里数、发车时间、发车时车辆存在的问题描述等。

（3）车辆检查。汽车租赁门店服务人员和承租人共同对归还的车辆进行检查，主要针对车辆清洁、车辆损伤、随车证件等方面。

2. 异常处理

异常处理是指在还车检验环节中，发现车辆有异常情况，包括车辆清洁达不到还车要求、车辆租赁期间存在新增损伤、随车证件物品缺失等。

（1）车辆清洁达不到还车要求时，如果车内有烟灰，携带宠物遗留的毛发或脏污，车门座椅、仪表台、顶篷和行李舱部位沾染不易去除的液体痕迹，外观面沾染柏油、树胶等极难去除的污渍等，汽车租赁门店将根据服务规则和车辆清洁程度收取不同费用。

（2）车辆租赁期间出现新增损伤时，汽车租赁门店的技术人员需要提供具体的损坏实际结算金额，多退少补。

（2）如果租金为多次支付，业务人员应于合同规定的付款日或之前向承租人催收下期租金。

（3）将合同号等信息输入计算机，生成收款通知单，财务部门将根据收款通知单核收租金、保证金等费用。

（4）收取租金、保证金及其他费用时，必须按照财务制度开具正式服务业发票。

（5）业务员根据其他业务部门的通知，收取承租人违约金、赔偿金等其他费用。

（6）保证金是承租人对履行合同的保证，承租人未按时缴纳租金、损害车辆等违约金、赔偿金由保证金支付。在通常情况下，租金不得由保证金抵扣。

（7）交通违法保证金用于支付承租人使用租赁车辆交通违法而发生的罚金，一般在租期结束后1个月内扣除发生的罚金数额后退还给承租人。

（8）对于使用信用卡支付的自然人客户，多数企业采用信用卡结算，此时通过POS机按照保证金、租金总额进行第一次预授权，这样才能冻结承租人信用卡的相应信用额度。待还车后，根据结算单数额从承租人信用卡划转相应数额的租赁费用，向承租人开具发票，同时进行第二次预授权，根据企业管理办法冻结承租人信用卡一定金额的交通违法罚款保证金信用额度。

10. 发车交接

发车交接是租赁双方现场交车、试车和清点行车牌证、随车物件的重要程序，是租前阶段的最后一个环节。

（1）车务人员带领承租人选车，介绍使用性能及防盗措施。

（2）确认车况、登记公里数、存油量（满箱）、随车工具、填写车辆交接单。

（3）承租人确认汽车租赁合同内容，业务员上机操作，打出汽车租赁登记表、付款单。

（4）由承租人凭付款单到收款处办理交款手续。承租人交款后，由收款员签字盖章。

（5）承租人与业务员签订汽车租赁合同、汽车租赁登记表、车辆交接单等相关文件。

（6）车务人员将车辆及车钥匙、行驶证等相关证件交给承租人，并确认下次维护的里程。

6.1.3.4 长期租赁业务出借流程

1. 目标客户的选择

长期汽车租赁主要面向的是企业、政府及事业单位。汽车租赁经营者通过主动上门与有需求的客户联络、沟通，了解目标客户的需求。

2. 投标

汽车租赁经营者针对承租方提出的招标细节以及需求制作投标文件，参加承租方组织的公开招标。承租方对参与投标的汽车租赁经营者的实力、信誉等方面进行综合评价，车时，须按照标准支付违章押金，还车后 30 天并结清违章等所有费用后，方可退还剩余押金。

（7）燃油费。客户归还车辆时，油量应不低于出车时的油量。如果还车时油量高于出车时油量，汽车租赁企业应以现金或按多出油量的市价退还；如果还车时油量低于出车时油量，客户除须按当地油费标准支付燃油费用外，还须另外支付加油代办费。

（8）加速折旧费。如果车辆发生严重事故（第三方全责造成的事故除外），维修费用超过一定数额，客户需另付加速折旧费（通常为车辆维修费总额的 20%）。

（9）随车物品损失。车辆归还时，车辆及随车物品应完好无损，对客户租车期间造成的随车物品损坏或遗失，客户须照价赔偿。

8. 合同签订

业务人员请客户共同确认合同内容与客户需求或预订确认单内容相符，租金标准、承租人信息等条款无误后请客户签字。合同的主要格式有格式合同（标准合同）、定制合同（非标准合同）、长期租赁合同、短期租赁合同、带驾驶员租赁合同、婚车租赁合同和班车租赁合同等。完整的汽车租赁合同应包括汽车租赁合同文本及其附件（汽车租赁登记表、车辆交接单、车辆租用告知书、补充合同等。

除了《中华人民共和国民法典》中租赁合同的主要内容，汽车租赁合同还具有以下内容和特点。

（1）出租、租赁双方权利义务。出租人与承租人的权利义务、服务内容已经形成双方认可的约定俗成的固定模式。出租人应为租赁车辆投保第三者责任险、车损险、盗抢险等，并负责租赁车辆的维修、年检、各种税费的缴纳等，同时提供免费救援、保险索赔等服务。服务规范的租赁公司，还承诺为承租人提供全方位服务，让承租人无后顾之忧。当然，承租人不得侵犯出租人对租赁车辆的所有权，但需要承担因人为原因造成的损失以及发生意外时保险免赔部分的损失。上述内容，会在双方签订的合同上，以非常清楚和可以度量的方式确定，以保证汽车租赁过程中双方的权益。

（2）承租人、担保人的信息资料。汽车租赁中，承租人、担保方的信息是汽车租赁合同的重要内容之一。这些信息资料涵盖了承租人、担保方的名称，法定地址、居住地址、联系电话（固定电话、移动电话）等详细内容。当承租人是法人时，承办人的相关信息也应在合同中记录。承租人、承办人身份证明等有关证件的复印件也是信息资料的组成部分，在签订租赁合同时，出租人应核实承租人信息的真实性和承办人与承租人委托关系的合法性。

（3）租赁车辆交接清单。租赁车辆交接单可以证明履约行为，但在还车时需要进行比对。因此，出租、承租人在交接车辆时应该认真核对车辆交接单。

9. 收取租金、保证金

（1）以现金或支票等方式支付租金和保证金的预收费客户，在租期结束时，应根据

6. 验车

验车是达成汽车租赁协议前，承租双方共同对租赁车辆的外观、内饰、技术状况等进行检查，确认租赁汽车处于良好的状态，从而保障承租双方权益的行为。汽车租赁的实质是车辆使用权的转移，即出租人将车辆交由承租人使用。作为交通工具，租赁汽车在使用过程中可能发生车辆损坏、配件丢失等情况，导致车辆价值损失，损害出租方利益。同时，租赁汽车面向不同承租人，使用者众多，因此需要明确造成车辆损坏的真实责任人，避免损害其他承租人的权益。因此，车辆检查是明确车辆状况，分清车辆损坏责任的必要环节。验车项目通常包括车辆外观、配备装备、轮胎状况、座椅状况等方面。门店服务人员应该根据检查结果填写验车单。验车单是车辆状况的基本凭证，是包含车辆外观、内饰、装备配备情况等信息的综合单据，也是还车时检查车辆状况的依据，验车单应由门店服务人员和承租人共同填写，并签字确认。

7. 计价

在签订合同之前，业务人员应该向客户详细介绍租车费用的构成和计算方法。承租人租赁汽车所需支付的费用包括租金、保险费用、超时费、超程费、增值服务费以及其他费用。

（1）租金。租金是指承租人为获得租赁车辆使用权及相关服务而向汽车租赁经营者支付的费用。通常包括车辆使用费、折旧费、保险费、维护费、企业预期利润等；非承租人责任导致的维修费、替换费、救援费和合同约定的其他服务项目的服务费等。

租金金额为租金标准（单价）乘以租期。租金标准为单位时间租车价格，具体单位为元/年、元/月、元/天、元/h。注意，此处的保险费是指租赁车辆投入运营时汽车租赁企业投保机动车交通事故责任强制保险（以下简称"交强险"）、车辆损失险、机动车全车盗抢险（以下简称"盗抢险"）所支付的保险费。

（2）保险费用。通常，汽车租赁企业仅给租赁车辆投保交强险、最低保额的第三者责任险、有免赔的车辆损失险和盗抢险。发生意外时这些基本保险租金难以分担承租人的损失。为弥补基本保险的不足，汽车租赁企业可投保赔偿额度高和可全额赔付的保险，当然，客户需要支付额外的保险费用。

（3）超时费。超时费是指租赁汽车的使用时间超过合同约定的租期但不足一个收费周期，承租人按照合同约定标准，向汽车租赁经营者支付超时部分的费用，金额为超时费率乘以超时时间。

（4）超程费。超程费是指租赁汽车的行驶里程超出合同约定数额，承租人根据超出的里程数，按照合同约定标准向汽车租赁经营者支付的费用，金额为超程费率乘超出行驶里程的数值。

（5）增值服务费。增值服务费是指承租人因需要异地还车、GPS 导航仪、儿童座椅等个性化增值服务而支付的费用。

（6）交通违章处罚。车辆租赁期间发生的交通违章行为，由客户自行负责。客户还算：超过预定取车时间 0.5 h 或已过门店营业时间仍未取车的，汽车租赁企业应主动联系客户，根据联系结果取消订单或保留车辆。保留车辆的视为修改订单。

2. 汽车租赁门店接待业务

汽车租赁门店是汽车租赁业务开展的主要场所。门店服务人员为前来咨询、租车的客户提供各类资料、办理租车手续等服务。门店直接面对客户，是客户直接获得汽车租赁经营者产品信息、实际体验汽车租赁服务的最重要途径。良好的门店形象和优质的接待服务，有利于汽车租赁企业塑造品牌，提升形象及业务的开展。汽车租赁门店为客户提供的面对面服务，主要包括客户接待、产品介绍、材料填写、验车、合同签订、收取押金或刷卡授权等环节。此外，汽车租赁门店业务还包括对客户资料进行资格审核等后台服务。

3. 承租人资格审查

承租人资格主要包括承租人身份信息、驾驶资格信息以及租车资金担保能力等内容。我国汽车租赁企业在汽车租赁时查验的身份证明主要包括以下内容。

（1）对于我国公民，可以持身份证、户口本或护照以及机动车驾驶证办理租赁手续。

（2）对于我国港澳台地区居民，可持港澳居民来往内地通行证、台湾居民来往大陆通行证以及有效的驾驶证件办理租赁手续。

（3）对于外籍承租人，可以持护照、有效签证以及在我国的有效驾驶证件办理租赁手续。

（4）对于企事业单位短租客户，可以持企事业单位营业执照、承办人授权书、承租人身份证件和驾驶证件办理租赁手续。

4. 车辆推介

在选车时，业务员需要从客户租车的目的出发考虑。如果客户出行旅游，最好选择空间宽敞、舒适的车型。如果客户出行的路况很差或者去探险，建议客户选择具有越野性能的车。如果客户是用于商务活动，可建议客户选择比较豪华的车，汽车租赁公司可以提供不同类型的租赁参考价格表，以供客户选择。

5. 增值服务推介

（1）进行需求分析。通过提问、聆听、回应 3 种方式可以帮助从业者了解承租人的需求。可以利用承租人平台注册信息及以往订单信息等来了解客户需求信息，包括承租人租车用途、用车经历、租车预算、开车习惯、用车环境、其他需求等内容。

（2）把握推介时机。提供增值服务时，应选择合适的推介时机。可以在以下时机提供增值服务：平台在线询问、车辆预订、交易洽谈、车辆交付、成交后联络。

（3）了解增值服务内容。不同的汽车租赁公司提供不同的增值服务，包括异地还车、碰损责任免除、导航救援服务、上门送车服务、上门取车服务、儿童安全座椅服务等增值内容。

赁预订手续的过程，可分为自助预订和人工预订两种方式：网上预订和手机客户端预订属于自助预订，电话预订和门店预订属于人工预订。

承租人直接前往门店预订时，主要程序如下。

① 说明需求。承租人将租车需求告知接待人员，接待人员根据需求介绍车型、价格、保险、增值服务等信息。

② 选择合适的车辆。承租人可以在营业门店停车场直接选择车型，并查验车辆的实际状况。

③ 其他事项确认。汽车租赁营业门店的接待人员应当向承租人告知相关规定和重要信息。

④ 签订合同。承租人对相关事项确认无异议后，即可直接签订租车合同，完成预订过程。

（3）预订费。部分优惠价格租车项目或预订重点节假日期间用车，一般需要客户支付部分预订费，为租金的10%~30%，结算时预订费冲抵租金。特殊订单需要客户在约定时间内完成预付操作，否则订单将自动失效。

非汽车租赁企业原因导致订单取消或未履行的，一般情况下预订费作为违约金不予退还；如因汽车租赁企业原因取消预订，预订费退还客户。

（4）订单生效。通过网站、手机终端预订的，客户单击"提交订单"按钮后，订单即生效。到门店预订的，签订订单后生效。订单生效后，汽车租赁企业为客户预留所订车辆并在取车前短信、电话提醒客户取车事宜。

（5）订单取消规则。对于无预订费订单，汽车租赁企业应该提供相应的优惠政策，以鼓励客户按时执行订单。如果承租人在未通知汽车租赁企业的情况下取消订单，汽车租赁企业应向客户提出违规告诫并取消该客户的相应优惠待遇。

（6）修改订单规则。

在取车之前，需要修改订单。

① 无预订费订单。订单修改时间距离取车时间在 6 h 以上的，有剩余车辆的情况下可以修改，但将重新计算车辆租赁价格；订单修改时间距离取车时间不足 6 h 的，订单不可以修改；但在门店取车时，可视门店剩余车辆情况经协商修改订单信息，车辆租金价格将重新计算。如果订单产生时间距离预计取车时间不足 6 h，在订单产生后的 2 h 内，如果有剩余车辆，客户可以修改订单，并重新计算车辆租金价格和订单总金额。

② 有预订费订单。原则上不能修改。客户在预定取车时间前取车的，按实际取车的时间起算。

● 取车后修改订单。客户可以修改的项目包括还车时间、还车门店和还车方式。上述变更应于预计还车前 24 h 告知汽车租赁企业。

● 提前或延时取车。提前或延时取车超时 0.5 h 的，取车时间按照实际取车时间计人具有资产所有权，承租人拥有资产使用权，出租人与承租人签订分时租赁合同以交换使用权利的一种交易形式。网约车租赁服务的经营活动时间主要有分时租车、短期租赁、长期租赁，按照服务内容可以分为车辆租借（自驾）、专车出行服务（配备驾驶员或无人驾驶车辆），按照服务对象可分为个人用户和企业用户。

（1）分时租车。分时租车是租车行业新兴的一种租车模式，意指以小时或天计算提供汽车的随取即用租赁服务，消费者可以按个人用车需求和用车时间预订租车的小时数，其收费将按小时计算。

（2）短期租赁业务。短期租赁业务主要面向社会公众，需要在汽车租赁门店进行交车、还车等手续，业务流程环节较多，手续较为复杂，是一种标准化的作业流程。

（3）长期租赁业务。长期租赁业务主要面向单位客户，通过商务谈判和商务招标形式来确定租用车辆的价格、租期、车型、付款方式及相关服务等内容，具体包括联系客户、公开招投标、合同签订、车辆采购及整备交付、租后服务、租金支出、合同履行完毕等，业务流程相对规范清晰。

互联网+汽车租赁是一个传统与现代相互融合的行业，作为我国新兴的交通运输服务业，它是一种能够满足社会公众个性化出行、商务活动、公务活动和旅游休闲等需求的交通服务方式。互联网的快速发展，使在线租赁模式逐渐兴起，尤其是在短租自驾和分时租赁市场，移动化、自助化趋势愈发明显，行业整体呈现多元化发展特征。行业进驻厂商不断增多，市场竞争进一步加剧。

汽车租赁业未来将向三个方向发展：① 定制租赁，这一方式可以满足租车者的个性化需求。在北京汽车租赁市场，大部分国际租赁品牌都利用本身业务优势，掀起"定制租赁"浪潮；② 合作金融系统，由于个人信誉体系不健全，导致汽车租赁手续烦琐。若租赁企业和金融系统结合将在一定程度上缓解骗租问题；③ 车辆更新周期缩短，在欧美租赁车辆车龄在 1 年左右，超过 2 年的租赁车辆会通过二手车渠道淘汰。随着国内汽车租赁公司规模扩大和管理水平提高，租赁车辆更新周期将会降低到 3～5 年，后期会更短。

6.1.3.3 短期租赁业务出借流程

承租人从汽车租赁预订开始至签订租车合同的业务过程称为交车前业务，主要包括预订、门店接待、承租人资格审核、验车、签订合同等环节。

1. 预订

汽车租赁预订是承租人事先通过电话、网络、门店登记等方式向汽车租赁经营者提出的租车约定，是汽车租赁经营者提前获得需求信息并开展租赁业务的准备工作。

（1）预订方式。预订方式是承租人向汽车租赁经营者表达租车意愿的具体途径，可以分为网上预订、手机客户端预订、电话预订、门店预订等。

（2）预订流程。预订流程是承租人按照汽车租赁经营者提供的预订途径完成汽车租

1. 初期发展阶段（2010—2014 年）

中国网约车行业的萌芽可以追溯到 2010 年。当时，一些创业公司开始探索通过移动互联网平台提供打车服务。2012 年，滴滴出行（原名"滴滴打车"）和快的打车相继成立，成为中国网约车行业的先行者。滴滴出行通过提供打车补贴和优惠，迅速吸引了大量用户和司机，开始在市场上崭露头角。

2. 快速扩张阶段（2014—2016 年）

2014 年至 2016 年是中国网约车行业的快速扩张期。在这一阶段，滴滴出行和快的打车通过激烈的市场竞争和大量的补贴战，迅速扩大了市场份额。2015 年，滴滴出行和快的打车合并，形成了新的市场巨头——滴滴快的。合并后的公司在全国范围内加速扩张，并在多个城市占据了主导地位。与此同时，优步（Uber）进入中国市场，并在多个城市开展业务，与滴滴展开激烈竞争。两家公司通过巨额的补贴和营销活动，争夺市场份额，推动了整个行业的快速发展。

3. 政策规范阶段（2016—2018 年）

随着网约车市场的快速发展，行业内出现了一些问题，如安全隐患、市场混乱和监管缺失等。为了规范行业发展，政府开始出台一系列政策和法规。2016 年，交通运输部等部门发布了《网络预约出租汽车经营服务管理暂行办法》，明确了网约车的合法地位和相关管理规定。这一政策的出台，标志着网约车行业进入了一个规范化发展的阶段。

在政策的引导下，各地政府陆续出台了地方性网约车管理办法，对网约车平台、司机和车辆提出了具体的要求，推动行业健康有序发展。

4. 市场整合阶段（2018—2020 年）

在政策的引导下，网约车行业开始进入市场整合期。滴滴出行通过并购和整合，进一步巩固了市场地位，成为中国最大的网约车平台。同时，其他一些网约车平台如神州专车、首汽约车等也在各自的市场中占据了一定份额。在这一阶段，网约车平台开始更加注重服务质量和用户体验，通过技术创新和服务升级，提升用户满意度。此外，随着市场竞争的加剧，部分中小型网约车平台逐渐退出市场，行业集中度进一步提高。

5. 新阶段（2020 年至今）

进入 2020 年后，中国网约车行业迎来了新的发展阶段。随着 5G 技术、人工智能和大数据等新技术的应用，网约车平台不断创新服务模式，提升运营效率。同时，自动驾驶技术和 Robotaxi（无人驾驶出租车）正在逐步进入市场，成为行业未来发展的重要方向。如祺出行、滴滴出行、曹操出行等平台都在积极布局自动驾驶技术，希望通过技术创新，进一步提升市场竞争力。

6.1.3.2 网约车租赁业务认知

网约车租赁是以互联网技术为依托构建服务平台，接入符合条件的车辆和驾驶员，通过整合供需信息，将汽车的资产使用权从拥有权中分开，出租

网约车
资产管理

项目 6　网约车运营管理

 能力目标

1. 能够进行网约车租赁和出借业务；
2. 能够进行网约车租赁和还车业务；
3. 能够开展客户关系管理；
4. 能够进行客户满意度调查和分析。

 素质目标

1. 培养认真调查、科学分析、果断研判、勇敢决策、坚决执行的素养。
2. 形成良好的逻辑思维能力、口头和文字表达能力，有效地传递信息。
3. 培养能够综合运用岗位能力分析与解决实际问题的能力。

任务 6.1　网约车租赁业务基础认知

网约车租赁业务基础认知

6.1.1　拟完成的任务

某网约车租赁企业业务员在运营管理平台中协助李先生进行短期租赁出借预订服务，并约好时间到店办理相关车辆出借业务。根据办理流程，绘制短期出借业务办理流程图，要求流程清晰、言简意赅。

6.1.2　任务目的

（1）能够依据汽车租赁企业服务规范完成承租人资格审查；
（2）能够按照网约车租赁出借标准操作流程，完成验车操作；
（3）能够向承租人充分、清晰地讲解汽车租赁合同权责事项，促成合同签订；
（4）培养以客户为中心的服务理念，树立真诚服务、微笑服务的工作态度。

6.1.3　相关配套知识

网约车企业经营管理

6.1.3.1　网约车发展历程

网约车行业的发展历程可以追溯到 2010 年，经过十多年的发展，已成为一个高度竞争和创新的市场。网约车行业发展的几个主要阶段如下。

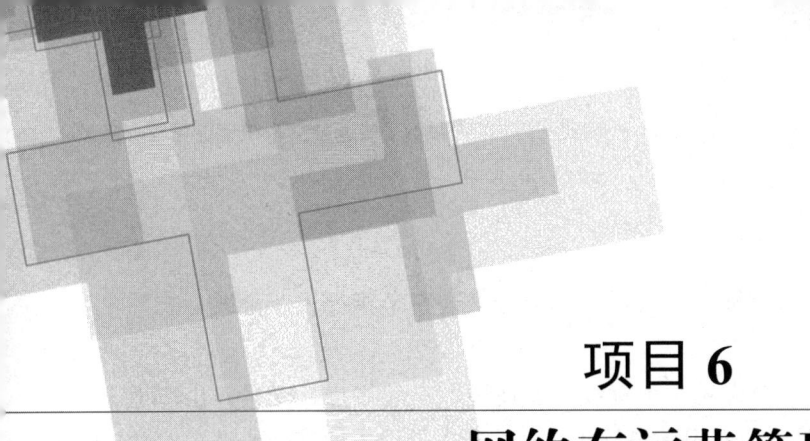

项目 6
网约车运营管理

 项目介绍

　　网约车经营服务，是指以互联网技术为依托构建服务平台，整合供需信息，使用符合条件的车辆和驾驶员，提供非巡游的预约出租汽车服务的经营活动。而网络预约出租汽车经营者（以下称网约车平台公司），是指构建网络服务平台，从事网约车经营服务的企业法人。网约车平台公司应当保证提供服务的车辆具备合法营运资质，技术状况良好，安全性能可靠，具有营运车辆相关保险，保证线上提供服务的车辆与线下实际提供服务的车辆一致，并将车辆相关信息向服务所在地出租汽车行政主管部门报备。还应当保证提供服务的驾驶员具有合法从业资格，按照有关法律法规规定，根据工作时长、服务频次等特点，与驾驶员签订多种形式的劳动合同或者协议，明确双方的权利和义务，保证线上提供服务的驾驶员与线下实际提供服务的驾驶员一致，并将驾驶员相关信息向服务所在地出租汽车行政主管部门报备。网约车平台公司应当维护和保障驾驶员的合法权益，并对驾驶员进行有关法律法规、职业道德、服务规范、安全运营等方面的岗前培训和日常教育。中国网约车行业近年来取得了显著的发展。截至2024年，中国网约车市场已初步形成了以滴滴出行为龙头，曹操专车、首汽约车、美团打车等为主要竞争者的市场格局。

 知识目标

1. 了解网约车租赁业务的基础概念；
2. 了解网约车平台的使用方法；
3. 掌握驾驶员管理和培训方法；
4. 掌握网约车客户管理方法。

4. 标志标线

（1）公交专用车道标志。

① 公交专用车道应设置专用道标志，表示该车道专供公交车辆行驶，全线标志的设置应统一、连续、醒目。

② 公交专用车道标志应与公交专用车道标线配合使用，在起始点、交叉口出口道及其他易引起误判的地方应设置公交专用车道标志，条件受限的地方或其他小路口可酌情减少设置。

③ 公交专用车道标志版面内容应包含公交车图形、使用时段说明文字、"公交专用"文字等，可包含箭头。

④ 公交专用车道标志或车道行驶方向标志应为蓝底、白图形，形状为圆形、长方形或正方形，汉字及数字的高、高宽比例、排列方式等应符合相关标准。

⑤ 公交专用车道标志的版面上箭头应正对车道，标志无法正对车道时，可不标注箭头，在公交专用车道的起点、终点应设置对应标志。

⑥ 有分时段规定时，应标注公交车辆专用时间段。

（2）公交专用车道标线。

公交专用车道线由黄色虚线和白色文字组成，黄色虚线的线段长度为 400 cm，间隔为 400 cm，线宽为 20 cm；黄色实线的线宽为 20 cm。

标写白色文字"公交专用"，尺寸为字高 600 cm，字宽 200 cm，纵向间距 200 cm。

③ 对分时段的公交专用车道，应标注公交车辆专用时间段，使用时段尺寸为字高 210 cm，总字宽不大于 250 cm，纵向间距 100 cm；文字与使用时段之间间距 200 cm。

2. 路段公交专用车道设置方法

路段公交专用车道的设置形式主要有外侧式和内侧式（路中式）两种，设置形式的选择宜综合考虑道路及设施条件、公交运行与社会车辆的相互干扰、客流需求等因素。在条件允许的情况下，应该优先考虑内侧式公交专用车道。

停靠站台长度应根据线路数、停靠车辆数和客流量确定，宜为2个到3个停车位长度。一个停车位的长度宜为15 m，停车位的间距宜为2.5 m。新建港湾式停靠站的车道宽度不应小于3 m，如果改建或其他情况条件受限，则不应小于2.75 m；直线式停靠站的车道宽度应与路段车道宽度相同。新建停靠站的候车站台宽度不应小于2 m，改建或其他情况条件受限时，不应小于1.5 m。

（1）外侧式公交专用车道。外侧式公交专用车道应设置在机动车行驶方向的最右侧车道，公交专用车道沿线开口处应施划黄色网状线。

（2）内侧式（路中式）公交专用车道。内侧式（路中式）公交专用车道应该设置在机动车行驶方向的最左侧车道。

3. 在交叉口的设置方法

交叉口应该设置公交专用进口车道和公交专用出口车道。

（1）交叉口设置公交专用进口车道时，公交专用车道线将被施划至停止线，而导向车道线则为黄色实线。允许转向车辆穿越公交专用车道时，应在导向车道线前施划网状线，网状线长度应不小于30 m。当条件受限的交叉口不设置公交专用进口车道时，公交专用车道的终点距离导向车道线不小于30 m。

（2）外侧式公交专用进口车道的设置方法。

① 交叉口允许右转时，直行公交专用车道进口车道应设置在交叉口最右侧直行进口车道，并与路段公交专用车道保持连续性和导向性。在衔接处应施划黄色网状线。

② 交叉口禁止右转时，公交专用进口车道应该设置在最右侧车道。

（3）内侧式（路中式）公交专用进口车道的设置方法。

① 交叉口允许左转时，直行公交专用进口车道应设置在交叉口最内侧，或者根据需要设置在交叉口直行进口车道最左侧。在此路段专用道衔接处应施划黄色网状线。

② 交叉口禁止左转时，直行公交专用进口车道应该设置在最左侧车道。

（4）公交专用出口车道的设置方法。交叉口设置公交专用出口车道时，公交专用车道线从交叉口出口道起点开始施划，并在起点施划直行导向箭头、标写地面文字、设置公交专用车道标志。在交叉口不设置公交专用出口车道的情况下，公交专用车道的起点距离交叉口出口道的起点不小于30 m，并在交叉口出口道的起点施划向左合流导向箭头，同时在公交专用车道的起点标写地面文字、设置公交专用车道标志。小型交叉口可不设置公交专用车道标志，后续路段较长时，可在路段中重复标写地面文字、设置公交专用车道标志。

（5）要有足够宽度和数量的车门。使用一边或两边都有车门的车辆，可以使两边或中间的站台都可以使用。

（6）在快速公交服务中，乘车质量非常重要，因为它有利于提高整体服务质量，电气传动控制系统正越来越多地用于快速公交车辆，因为它可以消除液力机械变速器常有的突然转换，从而在一定程度上改善乘车质量。

（7）站立位和座位的空间组合取决于市场需求。在其他条件不变的情况下，座位数最少则总载客量就大些，但也应控制乘客的站立时间在 20~30 min。

（8）宽走道和足够的流动空间，可以增加车辆实际可利用空间，并降低因拥堵造成的时间延误。一般来说，专用低地板快速公交车辆与走道的宽度应该达到 86 cm。

（9）鉴于快速公交的服务强度和对整个运输系统的重要性，快速公交车辆应有较强的保障和维护体系，以减少因故障造成的服务中断时间。

（10）全低地板。这种车辆有很大的优点：快速公交车辆内部没有阶梯，而且可以通过磁性、光学或机械导向系统实现车辆与车站站台的无缝衔接，所以在采用与车辆地板同高度的站台后，乘客可以像乘坐地铁和轻轨一样上下车，从而减少乘客的平均服务时间，尤其是大大减少了残疾人和带小孩乘客的上下车时间。如果同时加宽过道宽度，还可以大大减少乘客服务时间，提高运营计划的可靠性。

5.1.3.4 快速公交系统公交专用道

公交专用道是快速公交系统的路权保障，应与轨道交通、其他公共交通设施相协调，满足因地制宜、以人为本的原则，适应公交优先发展的需求。同时应符合城市公共交通专项规划、交通组织规划等相关规划要求。公交专用道应结合公共交通线网及公交客流走廊设置，并连续成网，符合网络化、多层次、高质量、高效、优先和安全的要求，综合考虑道路及设施条件、客流需求、社会车辆干扰等因素，合理选择公交专用车道形式，同一条道路上的公交专用车道，宜采用统一的车道形式。新建、改建和扩建道路应根据规划或道路通行条件设置公交专用车道，并与公交停靠站建设同步设计和实施。

1. 路段公交专用车道设置条件

（1）城市道路路段单向机动车道≥3 条，高峰单向断面公交客流量≥3 000 人次/h，或高峰单向断面公交车流量>70 标台/h，应设置公交专用车道。

（2）城市道路路段单向机动车道≥3 条，高峰单向断面公交客流量≥2 000 人次/h，或高峰单向断面公交车流量≥50 标台/h，宜设置公交专用车道。

（3）城市道路满足下列条件之一时，可以设置公交专用车道。

① 路段高峰单向断面公交客流量≥1 500 人次/h，或高峰单向断面公交车流量≥30 标台/h；

② 路段高峰公交运送速度<15 km/h，且公交客流量≥通道客流量的 60%。

降低乘客候车的不舒适，候车亭就是为此而建设的一种车站设施，候车亭的设计应主要考虑以下两个方面：一是候车亭的设计界限不能侵入快速公交车道，影响车辆进出车站和停靠安全；二是候车亭的雨棚样式不应拘泥于一种形式，可根据当地常见的气候来设计。

3. 可变信息显示屏

车站可变信息显示屏的设置有助于缓解候车乘客对快速公交系统服务可靠性的忧虑，通过可变信息显示屏上的信息，乘客能够清楚地了解到下一趟公交车的到达时间，可以更从容地从事另一项工作，高效地利用时间。可变信息显示屏的设置位置可以分为车站内和车站外两种，车站内的设置比较常见。在国外也有将显示屏设置在车站外的例子，乘客在进入车站之前就能够了解到自己想要搭乘的公交车辆什么时间进站，什么时间离开，可以更方便地安排自己的行程。

4. 安全设施

快速公交车站会吸引大量乘客，同时上下的客流交织，会存在一定的安全隐患，尤其是老弱病残孕等需要被照顾的出行人群，所以应配备足够的安全设施非常必要。

5. 公共服务设施

这类设施的种类很多，如娱乐设施、网络服务设施、公用电话设施、免费的阅读设施、公共厕所以及商业设施等。这些设施不一定设置在车站内，取决于车站的可用面积。当然，这些设施的设计也会相应地增加车站的建设成本，应统筹考虑给予设置。

5.1.3.3 快速公交车辆

快速公交车辆应根据快速公交系统的自身特点进行设计，包括行车路线、车站、服务、智能交通系统的设计和收费系统的设计等。因此，快速公交车辆特性设计实质上是一个反复调整和项目实施的投入产出过程，车辆的特性将影响快速公交整体服务水平、速度、可靠性、容量、成本等方面。快速公交车辆的特性包括车辆尺寸、内部设计、车门设计、过道宽度、地板高度、动力系统、导向系统、车辆外观等方面。

（1）车辆应能够提供某种特定功能服务（如城区的或城际的），并满足市场需求。为此，要求对快速公交车辆进行标准化设计，包括长度、宽度和内部布局，内部布局包括座位（数量、大小、类型、结构和方向）、轮椅的位置（数量、位置和方向）、动力系统（动力、转矩、最大速度、加速度）等参数。

（2）车辆应能够提供与所要求的服务水平相匹配的载客能力，并规划完善的快速公交服务结构和频率。

（3）车辆应该满足环保、操作方便、舒适等要求，同时具有较高的乘客吸引力。另外还应提供空调、明亮灯光、全景窗口、实时视频和到站信息等服务。

（4）上下车设施应该方便、快速。除一些高技术站台需要外（如库里提巴、基多），车底与地面高度应小于 38 cm。

3）按站台两侧是否可停靠分类

依据快速公交车站站台的两侧是否均可停靠，可将快速公交车站分为两类：单侧停靠车站和双侧停靠车站。

（1）单侧停靠车站。单侧停靠车站是指车辆只可以在站台的单侧停靠。由于单侧停靠的特性，这种车站站台一般成对设置，分别为上下行车辆提供停靠空间，既适用于中央快速公交专用车道，也适用于路侧快速公交专用车道。

中央快速公交专用车道单侧停靠车站：站台可以位于道路中央分隔带上，也可以位于快速公交专用车道与其他车道之间的隔离带上。位于道路中央分隔带上的站台适用于左开门的车辆，而在快速公交专用车道与其他车道隔离带上的站台适用于右开门的车辆。

路侧快速公交专用车道单侧停靠车站：路侧快速公交专用车道单侧停靠车站一般适用于右开门车辆，停靠车站通常设置在机动车和非机动车的分隔带处，乘客下车后可以直接进入慢行通道，不需要穿越机动车道。为了方便乘客换乘，需要在两个站台之间设置人行横道、过街天桥或地下通道。因为单侧停靠车站的站台只为上行或者下行的快速公交车辆提供服务，因此只需在站台的一侧设置超车道，占地相对较小，适用于道路空间和站台用地空间有限的地方。当然，这种车站设计方式是用车站长度的增加来弥补道路宽度的限制单侧停靠车站，既适用于中央快速公交专用车道也适用于快速公交专用车道，但因为路侧快速公交专用车道这种设计形式使得快速公交车辆较容易受到右转的社会车辆的干扰，因此一般不被推荐采用。

（2）双侧停靠车站。双侧停靠车站即站台两侧都可以停靠快速公交车辆的站台，一般应用于有中央分隔带的中央快速公交专用车道。

快速公交车站应该尽可能靠近客流集散区域，这样有助于提高整个快速公交系统的效率。交叉口处，是大量乘客汇集和疏散的场所，也是多条公交线路交会的场所。因此，当快速公交车站设在交叉口时，乘客步行到车站的距离较短，换乘方便，而路段车站则没有这些优势。另外，这种车站选型可以充分利用交叉口已有的人行横道，保证乘客穿行马路的安全。当然，这种车站对交叉口的干扰也比较大，因此需要结合交叉口的拓宽做出好的设计。值得注意的是，由于交叉口处有信号控制，如果车站设置在交叉口进口处，可能会造成快速公交车辆停靠后驶离期间逢本相位红灯；如果设置在交叉口出口处，可能导致绿灯启亮时多辆快速公交车辆扎堆进站停靠，造成交叉口内的排队，甚至阻滞整个交叉口的交通。所以，在交叉口设置快速公交车站时，不能紧邻停车线，一般要退后一段距离，这个距离的长度与发车频率、信号周期等有关。从行人安全的角度考虑，如果将车站设置在交叉口的进口处，行人横过道路是从停靠的快速公交车辆前部穿越交叉口，视距容易被停靠车辆阻挡；而将车站设置在交叉口的出口处，行人横过道路是从停靠的快速公交车辆的后部穿越交叉口，视距不受干扰，因此更加安全。

2. 候车亭

车站候车的乘客不可避免地会遭遇到烈日或雨雪天气，车站的设计者应尽最大努力

5.1.3.2 快速公交的车站特征

1. 快速公交车站分类

1）按站台线形分类

依据快速公交车站的站台线形,可以将快速公交车站分为三类:直线式车站、港湾式车站和锯齿形车站。

(1) 直线式车站。直线式车站是指快速公交车辆停靠时不占用机动车道的公共交通车站。这种车站形式是日常见到的最简单的公交车站形式,建立依据是站台处是否提供超车道。这种形式的车站又分为两种:一种是无超车道的直线式车站,公交车辆实行先到先进站的原则;另一种是有超车道的直线式车站,离站台稍远的车道用于超车。无超车道的直线式车站一般不被选用,因为它实行先到先进站原则,这不利于快速公交系统的快线运输,降低了整个快速公交系统的运营效率。在道路条件允许的情况下,一般推荐选用有超车道的直线式车站设置。快速公交系统对于车辆进站停靠要求比较高,要求车辆与站台要尽量接近,直线式车站的站台线形能很好地满足上述要求。

(2) 港湾式车站。港湾式车站是采取局部拓宽路面的公共交通车站,公交车辆停靠在港湾内,占用行车道。港湾式车站可以与后面将要提到的单侧停靠和双侧停靠车站结合起来设计,这一部分内容将在讨论港湾式车站优缺点时加以论述。

(3) 锯齿形车站。锯齿形车站是在一般港湾式车站的基础上,以倾斜的站台线为基本构成元素,并采用相对分离的停车位设计,整个站台形式呈锯齿形。锯齿形车站是对一般港湾式车站的一种改进,这种站台线形也能够很好地符合公交车辆的运行轨迹,车辆进出车站非常方便、快捷。但是,由于受道路用地宽度的限制,该车站选型在快速公交沿线车站中应用较少,而多出现在快速公交的终点车站。

2）按车站与道路交叉口的位置分类

依据快速公交车站与道路交叉口的位置关系,可将快速公交车站分为两类:路段车站和交叉口车站。

(1) 路段车站。路段车站一般位于离交叉口较远的路段上,它基本不受交叉口运行的影响。同时快速公交车辆的停靠对其他车辆的影响相对较小。但是,路段车站的设计不能充分利用交叉口的人行横道,因此,对于乘客过街的需求不能很好地满足。当然,也可以在路段车站修建平面行人通道、过街天桥或者地下通道来供乘客使用,但是乘客使用平面行人通道时不是很安全,而且,乘客的过街行为对道路交通流也是一种干扰。而过街天桥和地下通道的设置,残疾人使用起来又不是太方便,如果修建升降设备,成本又比较高。路段车站一般不被推荐,除非车站附近拥有客流集中的场所,如大型超市、火车站等。另外,如果两个交叉口之间的距离比较近,也不宜设置路段车站,应将车站与交叉口的拓宽结合起来设置。

(2) 交叉口车站。交叉口车站一般设置在道路交叉口的进出口处,这种类型的车站设计可以与交叉口拓宽相结合,使车辆运行更为顺畅。

三种：全封闭的高架公交专用车道、全封闭的地下公交专用车道、地面公共专用道路。公交专用车道或车道的设置方式决定了快速公交的运营速度和运营能力。全封闭的公交专用车道提供大容量与快速的公交服务；公交专用车道的设置可避免公交车辆与机动车辆混合使用，有效提高公交车辆的运营速度，在设置有公交专用车道的道路上应该在交叉口进一步设置公交优先的交通信号系统，同时对道路的功能进行必要的调整，以避免公交专用道成为其他机动车的主要通行道路。当无其他车辆干扰时，公交专用道路与专用车道之间并无本质的区别。

4. 快速公交系统的线路

快速公交系统的线路组合形式主要有两种：与轨道交通类似的单一线路（从主干线的起点或终端向外进一步延伸）及多条复合线路（在主干线上互相组合）。在干线与支线结合中，干线常采用单一线路或快慢线路结合两种形式，大型公交车被用于主要通道，主要通道的终点是一个综合换乘站，在此可转乘支线公交车进入社区内部，方便出行者。这种线路结合的主要优点是使目标路线能与对应大小的公交车相匹配；缺点是乘客必须换乘，因此，比不需换乘的线路要花费更长的通勤时间。当今大多数城市采用干线与支线相结合的方式，如波哥大、库里提巴等。复合式线路组合的优点在于它在高出行需求通道上提供了集中服务，乘客无需换乘等车就可以进入各小区。其主要缺点在于，它有可能导致支线线路的空载，特别是在使用大型铰接公交车的情况下。巴西的波多艾里格利成功地采用了复合式线路组合。

5. 快速公交系统的收费系统

收费水平在很大程度上决定了乘客来源，快速公交系统通常采用与轨道交通类似的收费体系，收费形式包括硬币、磁条、票据和智能卡四种。乘客往往在上车前完成付费，保证快速公交车辆所有车门能够同时上下客，缩短车上付费所要耽搁的时间、减少因车上付费造成的时间损失。对乘客的收费可采用单一票价（降低低收入人群的公交服务费用）或以行程计价（能真实反映运营成本）。

6. 快速公交系统运营保障体系

快速公交系统的运营保障体系包括运营组织机构以及运营保障设施。一般而言，运营组织机构包含项目前期规划与机械式变速器机构以及快速公交系统运营期管理机构。快速公交运营保障设施一般包括保证快速公交车辆运行的信号优先控制与调度管理系统、服务于乘客的信息系统以及对公交专用车道的管理系统等。具体而言，快速公交系统的运营保障体系包括技术保障和相关的政策、法规、体制保障。技术保障主要包括ITS技术、收费系统与相关技术；政策、法规、体制保障主要体现在政府职能部门建立完善的法规体系和组织机构，制定和推进相关技术标准及投融资策略等方面。世界各城市的公共交通系统大都处于亏损状态，难以依靠运营保持收支平衡，所以，公交企业的管理一般都有政府参与，即便是市场经济完善的香港也不例外，由政府主导确定长期的公交规划，可以避免因过分关注局部利益使得规划的线网不合理而造成资源浪费。

硬件系统主要是指支持快速公交的硬件设施，即适合快速公交的新型车辆、支撑快速公交运行的公交专用车道以及快速公交系统以人为本的站点设置；快速公交的软件系统主要包括保证快速公交车辆运行的信号优先控制与调度管理系统、服务于乘客的信息系统以及快速公交系统的收费系统。

具体而言，快速公交系统应该包括以下 6 个不同的组成部分：快速公交系统的车辆、快速公交系统的车站与枢纽、快速公交系统运营的道路空间、快速公交系统的线路、快速公交系统的收费系统、快速公交系统运营保障体系。

1. 快速公交系统的车辆

快速公交系统的车辆一般采用不同于常规公交的改良型公交车辆。这种车辆多以让乘客感觉方便、舒适为设计标准，采用低地板、轻轨车辆造型（流线形、多车门、宽通道、大窗户）的公交车，以方便乘客上下车；车辆的颜色往往采用较显眼的鲜艳颜色，以体现其品牌效应；这种车辆具有大容量（载运量为 180~270 人/辆）、满足环境保护要求以及乘坐舒适等特点。目前，许多城市的快速公交系统采用大型铰接车以提高系统的运输能力，降低运营成本。此外，新型快速公交车辆大多采用清洁、低污染的燃料和低能耗的动力装置，从而使快速公交车辆更加环保。

2. 快速公交系统的车站与枢纽

快速公交系统的车站与枢纽设施的规划与设计应考虑其交通功能与城市土地使用的结合。交通功能主要是提供上下客流集中换乘服务，以减少乘客的换乘距离与时间。快速公交的车站还具有某些轨道交通车站的特性，如岛式站台、车站收费、公交运营的信息管理系统和高站台等，便于乘客上下车。快速公交系统车站的设计一般需要具有明显的建筑特征，以体现其与普通公交的区别，便于乘客辨认快速公交车站的位置。快速公交系统的规划与设计一般需要结合城市的土地规划与使用，世界上一些成功的快速公交系统往往结合以公共交通为发展主轴的城市用地发展原则，车站与枢纽设施周围往往是城市用地密度比较高的地区。这种规划不仅为城市的土地开发提供了便利，同时也为快速公交系统提供了客流需求。

3. 快速公交系统运营的道路空间

公交专用道是指在城市道路上划定的，在规定时间内，只允许公交通行的车道。为确保快速公交车辆在一个独立的空间中运行，快速公交需要配置专用的车道或道路。快速公交专用车道可以是城市道路，也可以是高速公路上的普通机动车道，包括专用车道和专用道路两种形式。公交专用车道的设置方式一般包括以下 5 种形式：中央公交专用车道、单侧双向公交专用车道、边侧公交专用车道、逆向公交专用车道、城市高架路下的公交专用车道。公交专用车道主要通过使用硬质设施隔离（如使用侧石、道钉、栅栏等在进口设置障碍）、增设专用道标识（如使用交通标志、标线等）与其他车道进行隔离，国外有些城市的公交专用车道用颜色加以填充，使公交专用车道更醒目、更容易区分，最终实现公交车辆与其他交通工具分车道行驶。公交专用车道的设置方式包括以下

项目 5　快速公交系统运营管理

 知识目标

1. 了解快速公交系统的基础概念；
2. 理解快速公交系统要素及特征；
3. 掌握运营管理方法。

 能力目标

1. 能够分析和归纳快速公交系统的特征；
2. 能够分析快速公交系统所适用的城市交通环境；
3. 能够进行快速公交系统运营管理。

 素质目标

1. 培养认真调查、科学分析、果断研判、勇敢决策、坚决执行的素养。
2. 形成良好的逻辑思维能力、口头和文字表达能力，有效地传递信息。
3. 培养能够综合运用岗位能力分析与解决实际问题的能力。

任务 5.1　快速公交系统基础认知

快速公交系统构成

5.1.1　拟完成的任务

分析自己所在的城市的公共交通发展现状和客流出行需求，结合该城市的道路交通网等基础设施现状，撰写一篇论文，论述该城市发展快速公交系统的适用条件及发展规划。

5.1.2　任务目的

（1）会根据任务进行城市交通发展特征分析；
（2）掌握科学分析研究城市公共交通发展策略的方法；
（3）培养具体问题具体分析的工作方法，因城市而变化的公共交通发展的理念。

5.1.3　相关配套知识

5.1.3.1　快速公交系统的构成

快速公交系统主要包括两个系统，即硬件系统和软件系统。快速公交的

快速公交系统

项目 5
快速公交系统运营管理

 项目介绍

快速公交系统（bus rapid transit，BRT），是一种介于轨道交通与常规公交之间的新型公共客运系统，是一种高品质、高效率、低能耗、低污染、低成本的公共交通形式。该系统采用先进的公共交通车辆和高品质的服务设施，通过专用道路空间，来实现快捷、准时、可靠和安全的服务。它是利用现代化公交技术配合智能交通和运营管理（集成调度系统），开辟公交专用车道和建造新式公交车站，实现轨道交通模式的运营服务，达到轻轨服务水准的一种独特的城市客运系统。由于机动车发展过快，导致能源紧缺、能源价格昂贵，城市交通日益拥堵，城市环境恶化，快速公交系统曾经被国际上公认是解决上述城市交通问题的有效手段。建设快速公交系统是贯彻国家公交优先战略，建设部在《关于优先发展城市公共交通的意见》中提出，大运量快速公共汽车运营系统是利用大容量的专用公共交通车辆，在专用的道路空间运营并由专用信号控制的新型公共交通方式，具有交通运量大、快捷、安全等特点，工程造价和运营成本相对低廉，具备条件的城市应结合城市道路网络改造，积极发展快速公交系统。BRT 具有适应性强、造价低、组织灵活等突出优点，对正在快速城市化、机动化的中国城市，具有广泛的适用性。我国首条快速公交系统于 2005 年 12 月 30 日在北京正式建成，来往前门及木樨园，除了前门至永定门的路段因道路宽度不足而没有设置车站及专用车道，其他路段都是采用专用车道、专用封闭式车站，并按轨道交通的模式管理，例如在车站买票入闸。大部分快速公交站台是岛式设计；公交车车门设在左边，采用 18 m 长铰接式低地板公交车，以便旅客乘车。此外，配合全球卫星定位系统，交通灯号更可以配合快速公交车辆的位置进行调整，进一步缩短行车时间。紧随其后，我国上海、天津、沈阳、武汉、西安、成都、杭州、昆明、济南、合肥等地都在加速快速公交系统建设。

层；在土地利用宽裕时，宜设计成具有多条公交线路车位的港湾式车站。在规划设计时，公交车站与轨道交通车站的间距不宜过远，并应通过采取人车合理分流、设置导向标志等措施，减少换乘过程中的进站客流与出站客流、客流与车流的径路交叉。

② 公交线网布局及运营。从提高整体运行效率，增加轨道交通客流和减少地面交通拥挤出发，在轨道交通线路投入运营后，应适当调整公交线网布局，如减少平行运营的公交线路，增加垂直方向的接运公交线路等。轨道交通车站合理接运区的半径为 2 500～3 000 m。在超过 3 000 m 时，由于接运时间过长，市民会放弃换乘轨道交通出行。但在缩短公交接运耗时的情况下，能够扩大合理接运区的范围，提高常规公交换乘轨道交通的乘客比例。缩短公交接运耗时的措施有：使乘客一次乘车就能换乘轨道交通，高峰时间增开跨站运行公交线路，开通连接大型住宅区的公交接运专线等。

（3）与私人交通工具换乘。轨道交通与私人交通的换乘是指轨道交通与自行车、私人汽车等交通工具的换乘。国内自行车出行的比例较高、私人汽车拥有量增长较快。因此，鼓励采用"停车＋换乘"出行方式，对于轨道交通吸引客流、缓解市区道路拥挤状况以及节约能源和保护环境都具有积极意义。

建议采用"停车＋换乘"出行方式，并在换乘设施方面主要解决停车点或停车场的设置问题。

为适应自行车换乘的需求，轨道交通车站应设置停车点。针对高架车站，可以在高架结构下的地面层设置自行车停车点；而对于地下和地面车站，则可以在出入口附近设置自行车停放场地。自行车停车点的规模取决于采用自行车方式换乘轨道交通的客流量。

根据对自行车接运区的合理半径、自行车换乘出行目的等进行的分析，合理的自行车接运区应是以轨道交通车站为圆心、半径为 800～2 000 m 的区域，采用自行车换乘方式的大多是通勤客流。因此，如果自行车接运半径内有大型住宅区，由于到站客流中的自行车换乘比例通常会比较高，自行车停车点的设计规模一般也应大些。

为减少私人汽车进入市中心，设置公共停车场，提供"停车＋换乘"的服务十分必要。停车场的位置一般选择在市区外围的轨道交通车站附近，并结合轨道交通换乘枢纽的建设、车站周边商业与办公设施的建造，统筹安排设置。鉴于城市用地紧张，停车场应尽可能按立体多层设计，充分利用地下空间。

但轨道交通与铁路，管理体制分属两家而票务系统相互独立，乘客在两者间的无缝换乘目前难以实现。过去，由于缺乏统筹，规划和建设各自进行，轨道交通车站的出入口一般设置在铁路客站的站前广场，乘客换乘走行距离较远。近年来，新建铁路客站时，便捷换乘问题得到重视。

③ 与民航机场换乘。近年来，许多城市正在规划建设连接机场的轨道交通线路，为民航乘客提供快捷的换乘服务。轨道交通机场线建设应注意以下两个方面的问题。

首先是客流量大小，它直接关系到机场线的运营效益。因此，需要对客流来源及数量、旅客出行需求特征和机场客流接运市场份额等进行分析。机场的客流来源相对稳定和单一，通常由乘坐飞机的乘客与接送亲友、机场及周边企业职员构成。分析飞机乘客对接运服务的需求：乘客随身携带行李，方便、舒适是主要的，乘客去机场在时间安排上通常比较充裕，因此快捷是次要的。由于机场巴士和出租汽车在门到门服务方面具有一定优势，因此在机场客流接运市场中占有相当份额。

其次是换乘的便捷性。轨道交通车站与机场候机厅应尽可能实现无缝衔接。如果连接车站与候机厅的通道较长，应考虑安装自动人行道或配备专用小车供旅客推运行李。换乘路径应该设置导向标志。此外，在市中心的机场线车站设置市区航站楼，预先办理除安检以外的登机手续，如行李托运、发登机牌等，可以方便乘客乘坐机场线换乘飞机。

（2）与常规公交换乘。轨道交通与常规公交的换乘是指轨道交通与公共汽车等常规公交车辆的换乘。乘坐轨道交通列车出行，常规公交接运是到达轨道交通车站的方式之一。改善轨道交通与常规公交的换乘，主要涉及公交换乘站点设置的优化和公交线网布局及运营的优化，它们对轨道交通吸引客流，提高交通服务水平具有重要作用。

① 公交换乘站点的设置。由于常规公交系统的运营特性，公交换乘站点设置的弹性较大，它们可以设置在高架车站下面、地下车站地面或附近，也可以设置在建筑设施的地面一层等，乘客通过自动扶梯（楼梯）、通道或人行天桥等进入轨道交通车站，进行换乘。根据轨道交通车站客流量以及综合换乘情形的不同，轨道交通与常规公交的换乘分为一般换乘点和大型换乘点两种类型。

● 一般换乘点是指与常规公交衔接且客流不大的轨道交通中间站。对一般换乘点，要求公交车站尽可能离轨道交通车站的出入口近些。由于缺乏前瞻性考虑，国内轨道交通与常规公交换乘存在换乘距离及时间较长的问题。

● 大型换乘点是指常规公交与客流较大的轨道交通换乘站或终点站，通常与铁路、长途汽车站衔接，形成的综合换乘枢纽。对大型换乘点，理想的规划设计是将轨道交通车站、铁路车站、公共汽车站、出租汽车站、大型商场和地下停车场等布局在同一建筑设施内或由自动扶梯（楼梯）、通道连接的不同建筑设施内，从而实现地下、地面和地上的立体换乘，有效减少街道上的人流，缓解地面交通拥挤。

大型换乘点的公交车站设置，在用地受到限制时，可考虑设置在建筑设施的地面一为限制因素。

③ 换乘方案设计及选择。在进行换乘方案设计时，除应满足换乘时间短、换乘能力大等基本功能外，还应考虑客流组织、工程实施等因素。

换乘站的客流，除具有车站客流的一般特征外，还具有客流量大、多方向性等特征。在换乘站的客流中，既有进出站客流，又有换乘客流。就换乘客流而言，在两线连接的换乘站，有4个方向列车到达，8个乘客换乘方向；在三线连接的换乘站，有6个方向列车到达，24个乘客换乘方向；各个换乘方向的客流通常是不均衡的。此外，各种同方向和反方向客流也存在交叉干扰。不难得出，对于有 n 条线路中间站相交的车站，共有 $4n(n-1)$ 个换乘客流方向。对于有 n 条线路中间站相交，同时又有 m 条线路终点站相交的车站，其换乘客流方向共有 $4n(n+m-1)+m(m-1)$ 个。

鉴于换乘站客流量大、流向复杂，在进行换乘站设计时，应注意通过调整设施布局、设置导向标志等措施，避免或减少换乘客流与进出站客流的交叉干扰。例如，采用上下层站台换乘时，除自动扶梯（楼梯）的高差应小些，通过能力配置应大些外，还应考虑与其他换乘客流与出站客流的交叉干扰小些；采用通道换乘时，通道设计应避免交叉，减少双方向换乘客流的交叉干扰，以及换乘客流与进出站客流的交叉干扰。

2）轨道交通与其他交通方式换乘

轨道交通与其他交通方式的换乘包括轨道交通与城市对外交通的换乘、轨道交通与市内常规公交的换乘、轨道交通与私人交通的换乘。

（1）与对外交通换乘。轨道交通与对外交通的换乘是指轨道交通与铁路、民航、公路、海运等的换乘。轨道交通线路延伸至城市对外交通的车站或港区，轨道交通车站与铁路客站、机场、长途汽车站、港口等形成换乘枢纽，充分发挥轨道交通的大运量、快速集散乘客的功能，完成接运换乘。

① 换乘方式。轨道交通与对外交通的换乘方式主要有层间换乘、通道换乘与站外换乘三种。

在层间换乘时，不同交通方式的站厅设置在换乘枢纽的不同层面，乘客通过自动扶梯完成轨道交通与对外交通的换乘。对乘客而言，换乘距离及换乘时间较短，比较理想。但要实现层间换乘，需要对换乘枢纽进行统筹规划、同步建设，并在票务管理方面为乘客提供方便。

在通道换乘时，不同交通方式的站厅设置在换乘枢纽的不同位置，由通道连接。换乘的便捷性取决于通道长度，以及是否设置自动人行道。从换乘枢纽规划的角度来看，通道换乘是主要的换乘方式之一。

在站外换乘时，乘客通常需要走出地面，完成出站（港）和进站（港）的换乘过程，换乘距离和换乘时间较长。由于乘客通常携带行李，这种换乘方式对乘客来说很不方便。

② 与铁路换乘。在轨道交通与对外交通的衔接中，与铁路的衔接是必不可少的。

双岛式站台只能实现四个换乘方向的客流在同站台换乘；岛侧式站台只能实现两个换乘方向的客流在同站台换乘；单岛式站台，每一层均只能实现两个换乘方向的客流在同站台换乘。其余换乘方向的乘客，仍然需要通过站厅（双岛式、岛侧式）或自动扶梯、楼梯（单岛式）进行换乘，因此换乘时间将会相应增加。

上下层站台换乘时，采用一字形、十字形、岛侧式或侧侧式上下层站台组合，换乘距离与换乘时间均较短；采用T形或L形上下层站台组合，由于换乘距离增加，换乘时间相应延长，如为减少下层车站的埋深，两个车站拉开一段距离，形成准T形或准L形换乘，乘客需要通过站厅进行换乘，换乘距离与换乘时间会更长些。

● 站厅换乘。乘客换乘走行路线为下车站台→自动扶梯、楼梯→站厅收费区→自动扶梯楼梯→上车站台。在各种换乘方式中，站厅换乘的换乘距离与换乘时间大体居中。

● 通道换乘。换乘距离取决于两线车站连接的情况，连接站台的通道换乘与连接站厅收费区的通道换乘比较，后者的换乘距离较远，因而换乘时间也较长。为提高服务水平，缩短换乘时间，换乘通道长度不宜超过 100 m。

● 站外换乘。乘客换乘走行包括出站走行、站外走行和进站走行，换乘距离与换乘时间均是各种换乘方式中最长的。站外换乘，大多数情况是线网规划阶段没有考虑换乘问题。没有站内换乘设施会给乘客带来极大不便，应尽量避免。

② 换乘能力。换乘能力是指换乘设施在单位时间内能够通过的换乘乘客流量，换乘能力不足会产生客流拥挤、滞留，导致换乘时间延长和乘客抱怨，甚至还会引发不安全因素。换乘能力的制约因素包括站台、自动扶梯（楼梯）、通道和检票口等设施或设备的能力，通常是受限于其中能力最小的设施或设备。

在各种站内换乘方式中，同站台换乘的能力最大，适用于优势方向换乘客流较大的情形，对于同站台换乘而言，制约其换乘能力的主要因素是站台宽度和列车间隔，前者关系到站台的容量，后者关系到站台出清快慢。因此，站台加宽还应考虑列车运行间隔。同站台换乘还可考虑采用相邻两站均为单岛式的换乘方案，即两条线路平行运行一个区间（含两个车站），两个车站的站台均采用上下层结构，从而将换乘客流疏解到相邻两个车站。

在各种站内换乘方式中，上下层站台换乘的能力最小。上下层站台换乘通过自动扶梯（楼梯）进行，换乘能力的瓶颈是自动扶梯（楼梯），而站台宽度、长度往往又限制了自动扶梯（楼梯）的数量与宽度。对各种上下层站台配置组合而言，交叉点越少，如十字交叉，换乘能力就越小，反之亦然。实践中，通过增加站台宽度来扩大交叉处面积，是提高上下层站台换乘能力的基本途径。在平面换乘的情况下，通道换乘与站厅换乘的能力居中。通道宽度可根据换乘客流状况进行加宽，从而提高通道换乘的能力。

在垂直换乘的情况下，自动扶梯（楼梯）的能力往往限制了通道换乘能力和站厅换乘能力的最终实现。此外，如果在换乘过程中需要进出收费区，检票口的能力也可能成的服务水平而且关系到城市公共交通的吸引力。乘客换乘虽然是一个运营组织问题，但与规划设计密切相关。没有合理的换乘规划，良好的换乘就难以实现，因此，在线网规划及换乘站设计阶段充分考虑未来运营阶段的乘客换乘需求是非常有必要的。

1）轨道交通不同线路间换乘

轨道交通各条线路列车独立运行时，在不同线路间出行的乘客需要换乘。对乘客换乘：提高服务水平的关键是缩短换乘时间。在换乘站，换乘时间长短主要取决于换乘走行距离，而换乘走行距离又与采用的换乘方式直接相关。

（1）线路连接方式。

① 线路连接方式。各条线路的连接主要有交叉、衔接和平行交织等方式。交叉有两线交叉、三线交叉和四线交叉等不同情形；衔接和平行交织通常是两线连接，其中衔接又有T形衔接和L形衔接两种情形。

② 站台组合形式。换乘站的站台组合形式分为平面和上下层两类。同平面站台配置主要有双岛式、岛侧式和单岛式三种。上下层站台的配置组合主要包括一字形、岛岛式（十字形）、岛侧式（草字形）、侧侧式（井字形）、T形和L形等形式。

（2）换乘方式。根据乘客在换乘时所利用的换乘设施，换乘方式可分为站台换乘、站厅换乘、通道换乘和站外换乘四种，其中站台换乘、站厅换乘、通道换乘又称为站内换乘。

① 站台换乘。乘客由下车站台直接到上车站台进行换乘，有同站台换乘和上下层换乘两种情形。

● 同站台换乘。乘客在同一个站台上进行换乘。
● 上下层站台换乘。乘客通过连接上下层站台的自动扶梯（楼梯）进行换乘。

② 站厅换乘。乘客由下车站台经过两线共用的站厅收费区到上车站台进行换乘。

③ 通道换乘。乘客由下车站台经过连接通道到上车站台进行换乘。通道的设置有两种情况，一种是连接两个站台，另一种是连接两个站厅收费区。

④ 站外换乘。乘客出站后，再进站的换乘方式。

实践中采用的往往是几种换乘方式的组合，如同站台换乘与站厅换乘组合，通道换乘与站厅换乘组合等。为使所有换乘方向的乘客均能实现换乘，同站台换乘方式必须辅以其他换乘方式。而通道换乘与站厅换乘组合，对减少预留工程量，降低分期建设难度是有利的。

（3）换乘功能分析。

① 换乘时间。换乘时间主要取决于换乘走行距离。一般而言，各种换乘方式的换乘时间：同站台换乘＜上下层站台换乘＜站厅换乘＜通道换乘＜站外换乘。

同站台换乘时，在列车共线运行区段的换乘站，乘客在同一站台的同一侧换乘，无换乘走行；在两线平行交织的共用换乘站，乘客在同一站台中的另一侧换乘，换乘距离小于站台宽度。因此，同站台换乘的时间最短。

务处理功能的车站设备，主要包括自动售票机（TVM）、半自动售票机（BOM）等。自动售票机除具备售票功能外，还具备根据需要集成充值等功能。半自动售票机除具备售票、退票和补票功能外，还可根据需要集成充值等功能。

自动售检票系统应实现乘客在城市轨道交通线网内一票乘车，满足线网各种运行模式下的使用需求，为票务管理、客流疏导、客流统计分析等提供保障。

（1）自动售票机（TVM）。自动售票机是乘客自行操作的自动售票设备，主要完成单程票的发售功能。乘客根据目的地票价，在设备上选择相应的票价键，同时投入相应的钱币，设备自动将已格式化的卡进行编码发售。自动售票机宜包括正常模式，无找零、不收纸币、无纸币找零、无硬币找零、不收硬币模式，移动支付模式等工作模式。

（2）人工售补票机（BOM）。人工售补票机也称窗口式售票机（即由人工参与的售票机），由售票员负责操作设备发售车票。主要功能是发售所有种类的车票，还可对所有车票进行加值、分析、更新等处理。

（3）自动检票机（AGM）。自动检票机主要包括进站检票机、出站检票机、双向检票机。检票设备应满足有效乘车凭证的进、出站需要，包括仅刷卡扫码、仅刷卡和回收票卡、仅刷卡等工作模式状态。同时，应支持多种类介质乘车凭证检票出行，并且不同种类优惠乘车凭证检票时应有声光提示。当乘客使用无效乘车凭证或无票强行进站或出站时，自动检票机应能阻止其进站或出站，并发出声光告警提示。自动检票机应具备防夹、防撞、防漏人等功能，以确保携带儿童或行李的乘客安全通过。

8. 乘客投诉处理

乘客投诉是指乘客对轨道交通运营服务质量提出不满意见的行为，涉及规范服务、乘车环境、票款差错和列车运行等方面。按责任承担，投诉分为有责投诉和无责投诉。在有责投诉中，按事件的严重程度，投诉分为一般有责投诉和严重有责投诉。

一般有责投诉是指乘客对运营服务质量、服务设施、服务环境进行投诉，经调查确为运营方责任引发的有责投诉。

严重有责投诉是指乘客通过各种途径对轨道交通运营服务质量进行投诉，经查实确为轨道交通方责任，并且事件的情节与后果严重、给社会造成较大的不良影响的行为的有责投诉。

轨道交通应制定乘客投诉处理规定。对乘客投诉，应认真受理。车站在接到投诉（通知）后，应立即进行调查，并将调查核实情况报告主管部门。对一般投诉，原则上应在三日内处理完毕。处理投诉时应做到态度诚恳、用语文明、依章解释，并且追访乘客对投诉处理是否满意。

4.2.3.5 客流换乘组织设计

随着国内轨道交通线网的加快建设和逐步形成，以及市民对减少换乘时间、提高出行效率的要求，换乘问题逐渐凸显，并得到重视。良好的换乘体验不但关系到轨道交通站外乘车导向，站厅和出入口标识，还应张贴警示类、禁止类和提示类标识，包括线路图、首末车发车时间、导引标识、票价信息、乘客须知、检票、卫生间位置等客运服务标识和安全警示标识等，建议引导乘客安全有序地进站、购票、候车、乘车和出站。站外导向标志包括地铁标志灯箱、站外指示标志，旨在引导车站出入口 200 m 范围内的乘客到达车站。

5. 服务设施

客运服务设施主要包括标志标识、车站和列车广播、闭路电视系统、乘客信息系统、照明系统、楼梯和自动扶梯、垂直电梯、时钟和紧急电话等，还包括车站出入口大门、站厅和站台座椅、垃圾桶以及各类警示牌等。车站广播系统主要向乘客通知列车到站、离站、线路换乘、列车晚点以及突发状况等信息。乘客信息系统在正常情况下可播放列车运行信息，在紧急状态下可发布各类救援和疏散信息。闭路电视系统主要为行车值班员提供车站站厅、站台和列车内的客流情况，为行车值班员进行高效组织和保障列车安全正点运行提供必要的信息；借助该系统，还可以进行运营安全事故的调查取证工作。

另外，为保障无障碍设施完好，为乘客提供便捷的乘车服务，运营单位还会制定专用通道和无障碍设施管理规定，车站工作人员应及时发现各类服务设施的异常情况并向维修部门反映。

6. 宣传服务

运营单位通过便民手册、乘车指南、网络微博以及安全乘车宣传片等多种形式，向市民宣传乘车、票务信息，创造安全、文明的乘车意识。尤其是在新开通城市轨道交通线路的城市，运营企业还可采取走进社区进行宣传等活动，让市民了解安全、文明乘车的相关知识。

7. 售检票作业

在多种客户端多元支付方式的应用下，轨道交通售检票更加便捷高效，扫码出行成为绝大多数出行人群的选择。在确保城市轨道交通运营安全的情况下，鼓励依托实名制、信用管理等手段探索实施票务支付和快速安检融合的票检一体服务。逐步实现不同城市间城市轨道交通二维码车票、一卡通等乘车凭证的互联互通，实现跨城市通行"一码通""一卡通"。鼓励城市轨道交通二维码车票、一卡通卡等乘车凭证，与当地市域（郊）铁路、城际铁路等实现票制互通、支付兼容，实现"一票通达""联乘优惠"。

自动售检票系统（AFC）是实现城市轨道交通售票、检票、计费、收费、统计、清分、管理等全过程的自动化集成系统，主要包括清分子系统（ACC）、线路子系统（LC 或 MLC）、车站子系统（SC）、车站终端设备和乘车凭证等。开通互联网票务服务的，还应包括互联网票务平台。用于现场发售、赋值有效乘车凭证，并具备售票、退票、补票、充值等票务处理功能的车站设备，主要包括自动售票机（TVM）、半自动售票机（BOM）等。用于现场发售、赋值有效乘车凭证，并具备售票、退票、补票、充值等票站服务，其主要包括乘客进出闸机服务、乘客问询服务以及无障碍设施服务等。车站客运服务人员应正确佩戴服务标志，保持制服整洁，精神饱满，向乘客点头微笑或主动问候；发现设备故障后，应尽快报告；发现通道和站厅内有杂物或积水时，应通知保洁人员；留意进站乘客，并注意乘客出入闸机情况，如乘客无法进出闸机，应协助乘客前往客服中心进行处理；对于携带大件行李的乘客，应和乘客礼貌沟通，建议其使用垂直电梯或走楼梯，并引导其从宽闸机口进出车站。对于无障碍设施的管理，运营单位应安排专人负责，协助乘客使用。

（2）客服中心服务。运营企业通常会在车站设置客服中心，负责处理乘客提出的问询和投诉。客服中心位于车站的非付费区，负责车站的售票、补票和故障车票处理，工作人员应正确佩戴服务标志，确保售票准确无误；熟悉售票、补票等工作的基本操作程序；认真聆听乘客的询问，耐心听取乘客的意见，并及时解决乘客遇到的问题。遇到乘客投诉时，应先向乘客道歉并理解他们的不满，再向乘客提出若干解决问题的建议。

3. 站台服务

站台服务是车站服务的重要组成部分，在早晚高峰时段，站台上来往乘客较多，稍有疏忽，就有可能发生安全事故，尤其是在乘客上下车时容易出现混乱，工作人员和乘客之间也容易发生纠纷。工作人员应留意乘客不安全行为，提醒乘客不要站在安全线以内候车；留意站台上乘客的需要，如发现乘客有身体不适或行动不便等情况，应主动上前了解情况，并尽量提供帮助；遇到特殊事件时，能正确及时地进行站台广播；乘客物品掉入道床时，要阻止乘客跳下站台捡拾物品，及时使用工具为乘客提供拾捡服务。

（1）接送列车。在接送列车时，应精神饱满、思想集中，站在指定位置面向列车，目送目迎，注意列车运行状态。遇有危及行车安全和乘客安全的险情，应立即采取有效措施并及时向车站值班员报告。在列车到发过程中，提醒乘客在安全线内候车、上车时注意安全，维持站台上的候车秩序。

（2）组织乘降。列车到达前，应组织乘客尽可能在站台上均匀分布候车，以缩短列车停站时间。列车到达后，提醒乘客先下后上。对通过的列车，应及时通过广播通知候车乘客。列车到达终点站后，要及时做好清客工作，严禁列车带客进入折返线或车辆段。因特殊原因需在中间站清客时，应耐心做好解释工作，迅速清客。

（3）站台管理。加强站台巡视，防止乘客跳下站台或进入隧道。注意候车乘客的动态及其携带物品，如果发现异常、可疑情况或闲杂人员在站台上长时间停留，应及时与有关人员取得联系，进行处理并与列车司机密切配合，防止车门夹人、夹物，或车门未关闭而列车起动等现象，以确保乘客的安全。如果发生伤亡事故，应保护现场、疏导乘客、做好取证工作，并协助清理现场。

4. 标志标识

车站应设有连续完整的标志标识引导客流，包括车站导向和应急疏散导向，站内和在出入口处设置分流设施，减少进出站客流的冲突干扰；对于经过通道与站厅连接的出入口，当客流较大时，可组织乘客在通道内排队候车，当客流过大时，须在出入口外采取限流措施；对于与商业场所等连通的出入口，应考虑客流特征，与相关单位共同制定客流组织措施。

（2）大客流组织。在高峰时段、节假日、重大活动期间以及因运营故障引起的大客流情况下运营单位应进行客流疏导，并由值班站长负责现场指挥。控制中心负责线路的客流组织工作，值班站长负责车站客流组织工作，同时须及时向行车调度员报告车站客流情况。车站行车值班员应通过监控系统，加强对现场情况的监控工作。车站应加强大客流现场疏导工作，利用隔离带、隔离铁马做好秩序维护和服务组织工作，必要时可采取清客和封站措施。车站应根据大客流现场情况，利用告示牌、临时导向标志、车站控制室广播设备、手提广播等方式，适时做好乘客宣传和引导工作。当发生社会治安等突发事件时，由公安部门派员负责现场指挥工作，车站工作人员予以配合。

根据大客流发生的程度，运营单位可采取适当的限流措施。当站厅层非付费区乘客较多时，可在出入口采取部分出入口只允许出站或关闭出入口等限流措施，限制进站人数。当站厅层付费区乘客较多时，可关闭部分自动售票机和进站闸机，同时在进站闸机处控制进入付费区的乘客。当站台层出现客流拥挤时，可以在站厅的楼梯口和自动扶梯口控制进入站台的乘客人数，并将站台至站厅的自动扶梯设置为向站厅方向，以缓解站台层的客流拥挤状况。

2. 客运服务

运营单位应提供乘客问询、出行信息、乘车环境和宣传等服务，以满足乘客的需求。运营单位应明确服务人员的技能、服务用语和工作态度等方面的要求。问询服务应明确服务基本要求和设备配置要求；客运服务标志应明确张贴在醒目位置；客运服务规范及要求应悬挂在工作场所。乘客信息服务应明确设施设备配置要求、服务内容和规范要求。对于乘车环境服务，至少包括如下要求：温度、湿度，车站、车厢卫生间、空调系统等乘客直接接触的服务设施的清洁、消毒和噪声控制等。

乘客服务工作的重点是服务意识、礼仪规范、仪容仪表、岗位服务标准、服务语言标准等方面。工作人员应当按照规定着装，佩戴工牌；服务志愿者应当穿着志愿者服装；保安、安检、保洁人员应当穿着经运营确认的各委外单位统一工装。全线各车站售票亭、自动售检票设备、站台门、电动扶梯、导向标志、照明、广播系统等各类必需的客运服务设施应全部开启。具备条件的无障碍设施应全部投入使用，包含从地面到站厅、站厅到站台的残疾人专用电梯、残疾人专用卫生间、列车轮椅固定装置、盲文等，保证满足残疾人乘客的乘车需求。全线各车站的告示宣传用品、公交接驳备品、客流组织备品等应急备品准备就绪，确保宣传、告示和应急使用。全线客运服务人员要按照公司规定有理有节地处理好乘客问询和投诉问题。

（1）乘客进出站服务。在城市轨道交通客运服务中，最容易发生纠纷的是乘客进出

（3）列车发生故障时，列车司机必须按照行车调度员的指令采取措施。列车发生突发事件时，列车乘务员应及时通过列车广播向乘客说明情况。

4. 回库退勤

列车司机退勤时，应当交回行车备品，汇报运行情况，确认下次出勤时间及地点。如在驾驶过程中发现列车故障，应如实报告故障及处理情况。运营单位应合理制订乘务组织计划，保证列车司机在两次值乘之间有充足的休息时间；在线路两端的车站，应设有列车司机休息和就餐的场所。

4.2.3.4 客运服务管理

城市轨道交通客运服务是城市轨道交通企业为乘客提供乘车、票务、宣传和咨询等服务活动的总称。客运服务是城市轨道交通企业直接面向乘客的重要工作，是运营管理的重要组成部分。客运服务体现城市轨道交通运营管理水平，反映城市轨道交通服务质量，代表城市轨道交通企业的社会形象是保障企业竞争力的关键。客运服务管理工作一般包括客流组织、票务服务、客运宣传及客运突发事件处置等内容，让乘客满意是客运服务管理工作的总体目标。

1. 客流组织

客流组织的工作内容主要包括售检票、疏导乘客进出站和乘车以及处置突发情况等。运营单位应根据车站出入口和扶梯等设施的布置，设置乘客流线，以简单明确、尽量减少客流交叉为原则，合理安排售票厅、问询处和检票闸机等设备的位置。同时，运营单位还应根据实际运营情况，完善车站内外的乘客导向系统，做到乘客快速分流，避免客流聚集和过分拥挤。

对于乘客有序乘降列车的处置，应做好以下工作：当乘客到达站台后，应指导乘客在规定位置排队候车；对于没有安装站台门的车站，应通过广播提醒乘客站在黄色安全线以外候车，不要探身瞭望，避免有乘客跳下或跌下站台；对于安装站台门的车站，应防止乘客倚靠或手扶站台门，避免站台门开启时乘客被夹伤或摔倒；列车门开启后，应组织乘客先下后上，避免乘客拥挤，提高乘降效率；当关门提示铃响后，应提醒乘客不要抢上抢下，防止车门夹伤乘客和影响列车正点发车。运营单位应编制每个车站的客流组织方案，分析车站周边环境及客运设施设备情况，分析车站客流特征，制定职责分工和控制措施等方案。对于现场应急处置，通常采取"谁启动预案，谁负责指挥"的原则进行，同时还要加强各单位之间的沟通协调和信息共享，确保信息通畅。车站是客流处置的责任主体，值班站长和值班民警是处置现场突发情况的负责人。值班民警会同值班站长组织指挥车站员工、保安和安检等力量，通过采取限流、引导和广播等措施疏导乘客。

（1）正常情况下的客流组织。正常客流情况下，乘客通过自动售票机购票，车票发生异常情况时在客服中心进行处理，各出入口应全部开放供乘客进出站使用，必要时可通的运行安全。

列车司机是城市轨道交通列车的驾驶人员，当出现列车故障时进行及时有效处理，确保列车运行安全。列车司机要严格按照企业安全生产制度、行车规则操作，并根据列车运行图，严格执行调度命令和信号显示要求行车，严禁臆测行车。上岗前，列车司机应接受系统岗位培训，并进行车辆故障、火灾、停电和脱轨等险情的模拟操作；在经验丰富的列车司机的指导和监督下，司机应确保驾驶里程不少于 5 000 km。列车司机经培训考核合格后，持证上岗。列车司机驾驶列车的过程主要包括出勤准备、正线驾驶和回库退勤三个环节。

1. 出勤准备

出勤是列车司机在投入运营前重要的准备阶段，需要做好出库前的各项工作准备，包括业务准备、生理准备及心理准备等。

（1）列车司机出勤前应充分休息，严禁饮酒或服用影响精神状态的药物，酒精检测不得超标；出勤时应按规定着装，携带驾驶证、驾驶员日志、手电筒等行车必备物品；禁止携带与工作无关的物品。

（2）领取钥匙。列车司机在车辆基地出勤前，应熟知值乘车号、车次、列车停放股道等信息，领取站台门钥匙、列车车门钥匙、主控锁钥匙等以便操控列车。

（3）列车司机在出勤前，应抄写调度命令、值乘计划及当日行车安全注意事项；了解车辆、线路技术状况，做好行车预想。

2. 整备作业

列车司机在车辆基地出勤前应对列车整备情况进行检查作业，作业主要包括以下内容。

（1）列车司机应检查确认列车走行部位、电器箱体及车体外观等是否存在异常情况，并确保车辆限界内没有人员和异物侵入。

（2）列车司机应做好列车发车前的检查和试验，确保列车在投入运营前技术状态良好。

（3）列车司机应对两端司机室进行检查，确保操作手柄、开关处于规定位置，灭火器、随车工具等备品齐全、封条完好。

3. 正线驾驶

（1）列车司机在驾驶列车时，应精神集中，加强瞭望，注意观察仪表、指示灯、显示屏的显示和线路状态。严格执行"手指眼看口呼唤"作业规定，做到内容完整、时机准确、动作标准、声音清晰。运行过程中发生列车故障或发生危及运营安全情况时，应按相应预案要求果断处理。接到调度命令时，应逐句复诵，确认无误后认真执行；对调度命令有疑问时，应核实清楚后再认真执行；换班时，应准确交接调度命令。其他人员需登乘列车司机室时，应认真查验登乘凭证并做好记录。

（2）列车司机在运行中如果发现有影响行车的障碍物、区间有人员、线路有异常等情况，应果断停车，并将情况立即报告行车调度员，按照行车调度员的指示进行处理。